おはなし
科学・技術シリーズ

真空のおはなし

飯島　徹穂　著

日本規格協会

まえがき

イタリアのピサの斜塔での落下実験の逸話で知られるガリレイの弟子であるトリチェリが，かの有名な"トリチェリの真空"をつくり，人類は真空という環境を地上ではじめて手に入れることができました．1643年のことです．1600年代といえば，日本では徳川家康によって江戸幕府が開かれた頃です．その後，真空技術の中心的役割を担う，空気を排出するための真空ポンプがつぎつぎに考案され，これが19世紀から20世紀にかけてのX線の発見，電子の発見など科学史上の重要な数々の発見につながりました．これらの発見の多くは真空技術を用いることによってはじめて可能になったのです．

真空技術は時代とともに確実に進歩を遂げ，今日では，真空があらゆる産業で使われるようになりました．真空ポット（魔法瓶），食品の真空パック，真空で吸い込む電気掃除機，真空窓ガラス，21世紀の調理法といわれる真空調理など，"真空"という言葉をいたるところで目にし，耳にするようになりました．真空を利用した技術は，目に見えるところ，見えないところで，私たちの想像を越えたさまざまな技術や産業の分野で使われているのです．

これらの真空の利用技術は，真空という環境下でおこる力，熱，光，音，電気などの物理的な性質の一部，あるいはいくつかを複合し，たくみに利用しているのです．しかしながら，真空という環境は，その特質をもっと生かすことができるならば，あらゆる産業分野ですばらしい独創的な製品を生みだす可能性を秘めているものと思われます．それには真空という環境でおこる現象が，空気中における現象と比較して，何がどのように変わり，何が変わらないのか

を正しく理解しておく必要があります．

そこで，この本では真空という環境を理解するために必要な基本的な事項，空気中と比較したときの真空の物理的な性質，真空利用技術の現状の把握に重点を置きながら，空気を排出するためのポンプ，真空の度合いをはかるための計器，一般的な真空排気装置をつくるための技術的な事項をできるだけやさしく解説いたしました．

なお，技術的な事柄は簡潔にまとめましたので，実際に装置をつくるときには，数多く出版されている真空技術の解説書，ハンドブックなどを参照していただきたいと思います．

また，この本は"真空"についての知識を得たいと考えている高校生，大学生をはじめ一般の方々にも気軽に読んでいただき，真空技術の概要が分かるようにも配慮いたしました．

今後，あらゆる産業分野において，ますます重要になってくる真空とその技術の理解に，この本が少しでもお役に立つことができれば幸いです．

本書の執筆に当たっては，巻末に掲載した参考文献はもとより，多くの優れた書物，文献，インターネットのウェブサイトを参考にさせていただきました．これらの著者の皆様にはこの場をお借りして心より深く感謝いたします．

最後になりましたが，本書の企画・編集・出版でお世話になりました日本規格協会編集制作部書籍出版課の石川健氏，須賀田健史氏，山田雅之氏に心から感謝申し上げます．

2003 年 7 月

飯島　徹穂

目　次

まえがき

1章　真空とは何だろうか

1.1　真空の存在 ……………………………………… 9
1.2　真空の定義 ……………………………………… 12
1.3　大気圧と空気の組成 …………………………… 14
1.4　真空の圧力単位 ………………………………… 20
1.5　真空の圧力領域 ………………………………… 24
1.6　地上高度と気圧 ………………………………… 26

2章　真空の物理的な性質

2.1　気体分子密度 …………………………………… 29
2.2　平均自由行程 …………………………………… 32
2.3　圧　力 …………………………………………… 36
2.4　気体の流れ ……………………………………… 38
2.5　コンダクタンス ………………………………… 40
2.6　粘　性 …………………………………………… 41
2.7　沸　点 …………………………………………… 42
2.8　光の透過・吸収 ………………………………… 44
2.9　音の伝搬 ………………………………………… 46
2.10　熱伝導 …………………………………………… 48
2.11　電気伝導 ………………………………………… 49

2.12 放電現象 ……………………………………………… 50
2.13 摩　擦 ………………………………………………… 52

3章　真空のはたらき

3.1 真空で吸引・吸着する ……………………………… 55
3.2 真空で酸化を防止する ……………………………… 59
3.3 真空で乾燥する ……………………………………… 60
3.4 真空で蒸留する ……………………………………… 61
3.5 真空で含浸する ……………………………………… 63
3.6 真空で断熱する ……………………………………… 64
3.7 真空で冷却する ……………………………………… 65
3.8 真空で脱気・脱泡する ……………………………… 66
3.9 真空で蒸着する ……………………………………… 67
3.10 真空で成型する ……………………………………… 68

4章　真空をつくる

4.1 真空ポンプ …………………………………………… 71
4.2 気体を輸送して排気する真空ポンプ ……………… 74
4.3 気体を溜め込むことにより排気作用を行う真空
　　ポンプ ………………………………………………… 80

5章　真空をはかる

5.1 真空計 ………………………………………………… 85
5.2 液柱差を利用する真空計 …………………………… 87

5.3 圧力差による弾性変形を利用する真空計 ………… 89
5.4 気体分子による熱伝導を利用する真空計 ………… 90
5.5 熱電子による電離作用を利用する真空計 ………… 92

6章 真空装置をつくる

6.1 真空排気の考え方 ………… 95
6.2 真空装置に用いる材料と部品 ………… 98
　6.2.1 真空用材料 ………… 98
　6.2.2 真空用部品 ………… 100
6.3 真空ポンプの選定 ………… 100
6.4 有効な排気速度 ………… 101
6.5 真空容器の排気時間 ………… 102
6.6 真空排気の操作 ………… 104
6.7 真空装置の洩れ ………… 105

参考文献 ………… 109
索　　引 ………… 111

1章

真空とは何だろうか

1.1 真空の存在

　物質の全くない空間，すなわち"真空"が自然界に果たして存在するのでしょうか？　このような空虚な空間が存在するのかどうかは，古くから科学者・哲学者によって議論が盛んに行われてきました．古代ギリシャでは，真空の存在は一般には強く否定されていたといわれています．そのため"自然は真空を嫌う"という真空嫌悪説はアリストテレスに端を発し，広く受け入れられていたようです．このような真空に対する考え方は，実に17世紀初めまで続きました．大賢人アリストテレスの説であり，当時の人々はだれもが納得せざるをえなかったのでしょう．

　17世紀に入ると，イタリアでは金属の需要が急激に増大し，鉱山の深いところまで掘られるようになってきました．井戸掘り職人たちは，吸い上げ式の井戸ポンプで深いところの地下水をポンプで排水しようとするとき，約10 mより深い井戸から水を汲み上げることができないで困っていました．このことを知ったガリレイは"自然は真空を嫌う"というのであれば，どんなに深い井戸からでも水は汲み上げられるはずであり，真空嫌悪説ではこの現象を説明できないと考えました．ポンプで水を汲み上げることができないのは，水柱が10 m以上になると，自分自身の重さのために水柱が切

断してしまうためであるとガリレイは説明していました．その後1643年，ガリレイの晩年の弟子であるイタリアの物理学者トリチェリは真空の存在をどうにか実験的に証明できないか，熟考を重ねた結果，次のような実験を行って人々を驚かせました．

　図1.1(a)のように一方をふさいだ長さ1mほどのガラス管に，水の13.6倍の密度をもつ水銀を入れ，水銀槽の中に倒立させました．するとガラス管の上部には透明な空間を残して水銀槽の表面から約76cmの高さのところで液面が止まったのです．このガラス管の上部には確かに，何も存在しない透明な部分（真空）ができたのです．

　さらにトリチェリは上部の透明な部分が真空であることを確かめるために，水銀槽の水銀の上に水を入れて満たし，ガラス管をゆっくりと引き上げました．するとガラス管の下端が水の部分に入った

アリストテレス　Aristoteles (B.C.384–B.C.322)

ギリシアの哲学者."万学の祖"と呼ばれています.

古代ギリシア時代,この世界（宇宙）のあらゆる事象はいろいろな運動の結果で生じた現象で,その運動している場所はもともと真空であると考えられていました.

これに対し,アリストテレスは"自然は真空を嫌う"として,このような考えを全面的に批判しました.石を遠くに投げたとき,石が飛ぶのはなぜか,の問いに対して,石が前進すると動いた後に必ず真空が生じ,その真空になったところにすぐに空気が回り込み,その空気に押されて石はさらに前進するのだと考えました.

「すべての物質は切れ目がなくつながっていて,穴のあいた空虚な空間などはない.真空はあくまでも念念上の問題であり,自然の中に真空は存在しない」これがアリストテレスの"自然は真

とたん,水銀はすべて下に落ちて,図1.1 (b) のように水が激しく上昇してガラス管を全部満たしてしまいました.もしも上部の透明な部分が真空でないのなら,水がガラス管をすべて満たすことはないだろう,と彼は考えました.次に水銀柱が約76cmの高さで止まる原因を調べるために,ガラス管の上部を大きく膨らませたものと,太さが一様なガラス管を用いて図1.1 (a) のような実験を試みました.実験の結果は図1.1 (c) のように両方のガラス管とも約76 cmの高さのところで水銀の液面が止まったのです.この結果は予想されたようにガラス管の内部の透明な部分にあるのではなく,外部にあることを明らかに示すものでした.これら一連の実験から,水銀槽の中に倒立させた水銀柱を支えているのは,水銀槽の面を大気圧

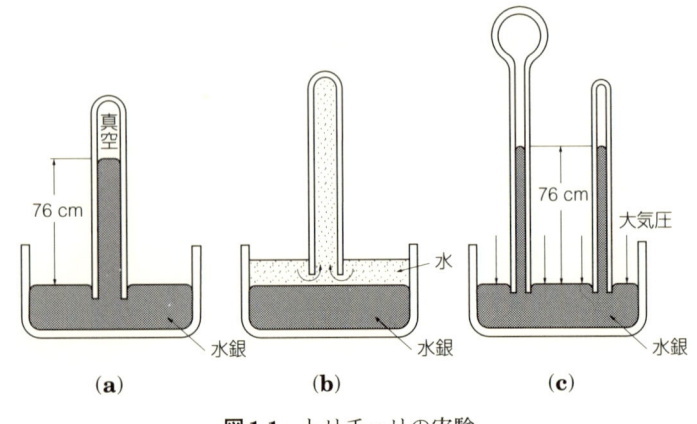

図1.1 トリチェリの実験

が押しているためであること,したがって,水銀柱の高さから大気の圧力が測れること,を彼は発表しました.

この"トリチェリの実験"によって,人々は真空の存在を初めて認めることができたのです.今日から見ると,この透明な部分こそ,人間が意図的に確認した最初の真空だったといえるでしょう.

1.2 真空の定義

真空技術,真空工学では,真空とはその字が示すように,決して"真に空っぽの空間"というものではなく,どんなに排気しても完全に排気しきれない気体分子がなお残っている状態,その空間こそが真空として理解されています.この気体分子の密度と圧力との間には比例関係がありますから,圧力で真空状態の度合いを表現しています.

日本工業規格 JIS Z 8126–1（真空技術—用語—第1部:一般用

1.2 真空の定義

トリチェリ　Evangelista Torricelli (1608–1647)

イタリアの数学者，物理学者．ファエンツァで生まれました．
　特に有名なのは真空に関するいろいろな実験です．トリチェリは水のかわりに水銀を使用して実験を行い，逆さまに立てた水銀柱の上端に，いわゆる「トリチェリの真空」ができることを示しました．その他の業績として，液体の流速に関するトリチェリの定理，望遠鏡の改良，大型レンズの製作，水銀気圧計の発明などがあります．

語）では"真空とは通常の大気圧より低い圧力の気体で満たされた空間の状態—圧力そのものをいうものではない"と規定されています．私たちは真空を利用する目的に応じて残留気体の影響が無視できる圧力であれば，その空間を真空と考えています．さて，一般の辞典類では"真空"をどのように定義しているのでしょうか．

岩波書店の『広辞苑』では

"物質の無い空間．人工的には一気圧の約 $1/10^{16}$ 以上のものは得られないが，実際には大気よりも圧力の低い空間も真空と呼ぶ"，

三省堂書店の『大辞林』では

"物質が全く存在しない空間．人為的には作り出せず，実際はごく低圧の状態をいう．宇宙空間も真空度は高いが，微量の星間物質が存する"，

自然科学分野の専門の辞典である岩波『理化学辞典』では

"工学的，技術的には雰囲気圧より低い圧力状態を広い意味で真空という．これに対して物質の全くない空間の状態を考える

ときそれを完全真空，絶対真空，理想真空などという"
と書かれています．

本書では，真空を『広辞苑』の"物質の無い空間"あるいは『大辞林』の"物質が全く存在しない空間"ではなく，『理化学辞典』の"工学的，技術的には雰囲気圧より低い圧力状態"あるいは，これとほとんど同じ意味ですが，JISの"通常の大気圧より低い圧力の気体で満たされた空間の状態"で特に空気のない状態として扱います．もっと具体的に言えば，真空ポンプで容器を排気したとき，真空を利用する目的に応じて残留気体の影響が無視できる圧力であれば，その空間を真空と呼ぶことにします．

余談になりますが，光の速度は国立天文台編『理科年表』などに，真空中の光速度 $c = 2.997\,924\,58 \times 10^8$ m/s（定義値）となっています．そこで，ときどきこの真空の程度を聞かれることがありますが，この真空中の意味は，真空技術でいう高真空状態ではなく，物質の全くない空間の状態を考えるときの完全真空のことであり，注意が必要です．

1.3 大気圧と空気の組成

トリチェリの実験を伝え聞いたフランスの科学者・数学者であるパスカルは，ガラス製の実験装置を製作して，いわゆる"トリチェリの真空"における大気圧の影響を調べるため，次のような巧みな実験「真空中の真空実験」を試みました．トリチェリの実験に用いられたまっすぐなガラス管に，図1.2のようなA端がふさがっていて，途中に彎曲部があり，B端が開いているガラス管を取り付けたものです．このガラス管のB端を指でふさぎ，トリチェリと同様な実験をしたところ，トリチェリの実験に用いられたガラス管のほ

1.3 大気圧と空気の組成　　　　　　　　　　　　　15

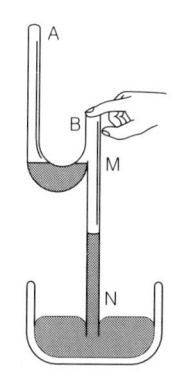

図 1.2 パスカルの実験「真空中の真空実験」

うの水銀は水銀槽の表面から 76 cm の高さのところで液面が止まりました．そして，ガラス管 A, B の彎曲部には水銀が溜まりました．次に B 端をふさいでいる指を離すと，まっすぐなガラス管の中の水銀は下に落ち，彎曲部(わんきょくぶ)に溜まっていた水銀は空気とバランスが取れる高さまで，A 端に向かって上昇しました．

　この実験によって，水銀槽の中に倒立させたまっすぐなガラス管の水銀が，水銀槽の表面から 76 cm の高さのところで液面が止まるのは，まさに大気の圧力によるものであることが証明されたのです．

　さらに，パスカルは大気の圧力の存在をより確実にするため，トリチェリの実験装置の水銀柱の高さがピュイ・ドゥ・ドーム山のふもとから頂上に近づく（頂上に近づくのに伴って，気圧が低下します）ときの変化を調べました．山の頂上に近づくのにしたがって，水銀柱の高さがわずかながら減少することが確認できました．

　ここで，大気圧の存在を証明したもう一つの有名な実験を紹介し

> ## パスカル　Blaise Pascal (1623–1662)
>
> フランスの数学者・物理学者・哲学者・宗教思想家.
> 　中部フランスのクレルモンで生まれました．独力でユークリッド幾何学をはじめ，16歳のとき「円錐曲線試論」を発表して，当時の数学者たちから注目されました．また，パスカルは真空の存在を確認するためのいろいろな実験を試み，いわゆる「トリチェリの真空」が大気の圧力によるものであることを確認しました．さらに，「トリチェリの真空」が一般的には流体の平衡に基づいて生じる現象であることを明らかにしました．これが，いわゆる「パスカルの原理」です．

ましょう．1654年ドイツのマグデブルク市の市長であったゲーリケが行った"マグデブルクの半球"の実験です．図1.3のような直径40 cmの銅製の半球二つを密着させ，その内部をゲーリケの発明した真空ポンプで排気しました．図1.4のように，これを左右8頭ずつの馬に引っ張らせましたが，これだけの力をかけて引っ張っても半球は引き離すことができませんでした．大気の圧力がどんなにすごいのか市民の前で証明してみせたのです．

　さて，ここで大気圧の大きさと大気（空気）の組成について考えてみましょう．

　地球の重力によって地球とともに回転している気体を地球大気といいますが，単に大気といえば，この地球大気のことをいいます．地球表面に近い部分の大気のことを特に空気と呼んでいます．地表を覆う空気の重さは1 cm^{2}当たり約9.8 N（ニュートン）です．これが大気圧の大きさです．言い換えると，地表1 cm^{2}の上に大気圏まで存在する断面積1 cm^{2}の空気の細長い柱を考えるとき，その重

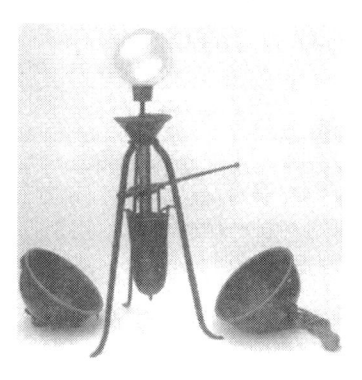

図 1.3 マグデブルクの半球とゲーリケの真空ポンプ

図 1.4 マグデブルクの半球の実験

量が約 1 kgf（質量 1 kg の物体に働く重力）であるということです．$1 m^2$ 当たりでは実に約 10 トンの力が作用していることになります．このように大きな力である大気圧の重さを，私たちは常に身体に受けて生活しているにもかかわらず，何も感じません．なぜでしょう．これは，大気の圧力が身体のすべての面に一様に作用し，互いに打ち消し合っているからなのです．

大気（空気）は混合気体で，空気の組成の体積百分率と重量百分

> **マグデブルクの半球にはどのくらいの力がかかっていたのだろうか.**
>
> マグデブルクの半球の断面積は $S=\pi r^2 \approx 3.14 \times (0.4)^2 \approx 0.5026$ [m^2] ですから,大気圧が球の断面にかかる力は $1.0135 \times 10^5 \times 0.5026 = 0.5 \times 10^5$ [N] になります.したがって,二つの半球を引き離すには質量5 000 kg(5トン)の物体を持ち上げるのと等しいだけの力が必要になります.

率を図1.5に示します.

　最も多いのは窒素(N$_2$)で全体の約78%(体積百分率),ついで酸素(O$_2$)の約21%(体積百分率)であり,これら二つの気体だけで大気の約99%を占めています.残りの1%の中にアルゴン(Ar),二酸化炭素(CO$_2$),ネオン(Ne),ヘリウム(He),クリプトン(Kr),キセノン(Xe),水蒸気,オゾン,アンモニア,過酸化水素,ヨウ素などが含まれています.これらのうち,大気の構造(気温分布など)に重要な役割を果たしているのは,体積百分率の小さい二酸化炭素,水蒸気,オゾンなどの気体です.ちなみに地球大気では体積百分率の小さい二酸化炭素(0.03%)が,地球の両隣に位置する惑星(金星と火星)では二酸化炭素の組成比が最も高く,金星では96%,火星では95%になります.

　空気から水蒸気を除いた残りの気体を乾燥空気といい,水蒸気を含んだ状態の空気を湿り空気といいます.乾燥空気には地面からの高さによらないで,組成比がほとんど変わらないものと,場所や時間により変化するものとがあります.組成比の変わらないものは窒素,酸素などです.それらの成分比は高度約85 km付近まで不変であることがロケットによる観測などにより確かめられています.110 km付近から上空では重い分子と軽い分子の分離が起こるの

1.3 大気圧と空気の組成

二酸化炭素 0.03%　アルゴン 0.93%

酸素 20.93%

体 積
百分率

窒素 78.10%

二酸化炭素 0.04%　アルゴン 1.28%

酸素 23.01%

重 量
百分率

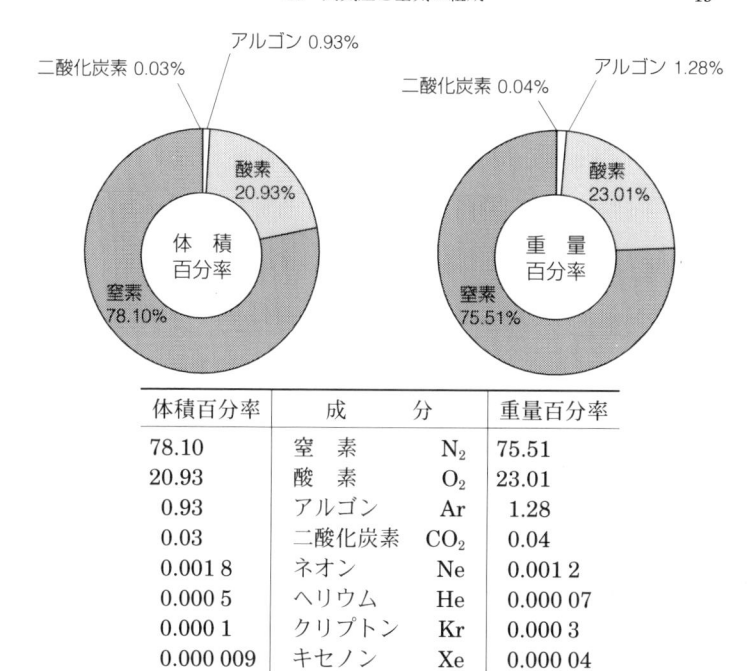

窒素 75.51%

体積百分率	成　　　分		重量百分率
78.10	窒　素	N_2	75.51
20.93	酸　素	O_2	23.01
0.93	アルゴン	Ar	1.28
0.03	二酸化炭素	CO_2	0.04
0.001 8	ネオン	Ne	0.001 2
0.000 5	ヘリウム	He	0.000 07
0.000 1	クリプトン	Kr	0.000 3
0.000 009	キセノン	Xe	0.000 04

図 1.5　空気の組成の体積百分率と重量百分率

で，地表付近とは違った組成比になります．高度 1 000 km 以上ではヘリウムと酸素が主成分で，2 000 km 以上ではヘリウムと水素が主成分になります．

1.4 真空の圧力単位

圧力の単位は，国際単位系（略称SI）ではパスカル（Pascal）[単位記号：Pa] を用います．1 Paは1平方メートル（m^2）の面積に1ニュートン（Newton）[単位記号：N] の力が作用するときの圧力のことです．1ニュートンは質量1 kgの物体に1 m/s^2 の加速度を与える力の大きさです．体感的にはりんご1個（100 g）を糸で吊るし，手の小指に引っ掛けたときに感じる力の大きさのことです．

新しい計量法による圧力の単位には，Pa以外にN/m^2（ニュートン毎平方メートル），bar（バール）が，また，非SI単位として，atm（気圧），生体内の圧力にTorr（トール），血圧にmmHg（水銀柱ミリメートル）が認められています．真空技術分野では長い間，

1.4 真空の圧力単位

圧力の単位としてTorrが使われ，現在でも真空技術に関する通常の会話や電話での応対などでTorrを使う技術者が多数います．そこで本書では圧力の単位として原則的にはPaを使用しますが，PaよりもTorrのほうが分かりやすいと思われる箇所では，あえて換算しないでそのままTorrを用いました．また，TorrとPaの両方の単位を記したほうがよいと思われるところは併記しました．

圧力の表記には，完全真空を基準（ゼロ）にした絶対圧（単位の後にaまたはabsと記す場合があります）と，大気圧を基準（ゼロ）にしたゲージ圧（単位の後にGまたはGaugeと記す場合があります）があります．大気圧は高度や気象状況で変動するので，101.3 kPa（760 Torr）と定めてあります．真空技術では原則的には絶対圧を使用しますが，真空機器を扱う業者のカタログなどを見る場合，どちらの圧力表示で記載しているのか確認が必要です．絶対圧とゲージ圧の関係を図1.6に示します．

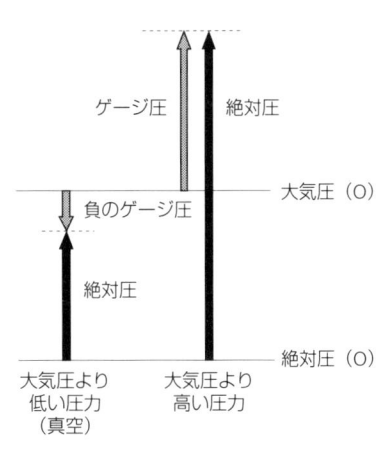

図1.6 絶対圧とゲージ圧の関係

また，これらの圧力の単位間の換算を表1.1に示します．

表1.1 圧力単位換算表

Pa	Torr	bar	kgf/cm^2	psi	atm
1	$7.500\,62\times10^{-3}$	10^{-5}	$1.019\,72\times10^{-5}$	$1.450\,38\times10^{-4}$	$9.869\,23\times10^{-6}$
133.322	1	$1.333\,22\times10^{-3}$	$1.359\,51\times10^{-3}$	$1.933\,68\times10^{-2}$	$1.315\,79\times10^{-3}$
10^5	750.062	1	1.019 72	14.503 8	0.986 923
$9.806\,65\times10^4$	735.559	0.980 665	1	14.223 4	0.967 841
$6.894\,75\times10^3$	51.714 9	$6.894\,75\times10^{-2}$	$7.030\,69\times10^{-2}$	1	$6.804\,59\times10^{-2}$
$1.013\,25\times10^5$	760	1.013 25	1.033 23	14.696 0	1

備 考

1) Pa（パスカル）は「人間は考える葦である」という有名な格言を残したことで知られるフランスのB. Pascal（パスカル）の名にちなんだものです．1 Pa=1 N/m^{2}と定義されています．

2) Torr（トール）は真空技術史上に偉大なる足跡を残したE. Torricelli（トリチェリ）の名にちなんだものです．1 Torr=133.3 Pa, 1 Torr=1mmHg

3) bar（バール）は気象関係で大気の圧力を表すのに用いられていました．mb（ミリバール）は1 barの1/1 000のことで，mbarまたはmbと書かれます．ヨーロッパ諸国では一般的な圧力単位として普及しています．

　1 bar=1 000 mb=1 000 hPa　1 mb=1 hPa=100 Pa

4) kgf/cm^2（キログラムフォース毎平方センチメートル）は重力単位系の圧力単位でkilogram force per square centimeterの略称です．工業分野では基準的にこの単位が用いられていましたが，現在の計量法には採用されていません．

5) psi（ポンド毎平方インチ）はヤード・ポンド法の圧力単位でpound per square inchの略称です．アメリカで一般的に用いられている圧力単位です．

6) atm（気圧）は標準大気圧（standard atmosphere）を1とする単位のことです．水銀柱が76 cmの高さに相当する気圧を標準気圧

といい,これを1気圧［単位記号：atm］と定められています.
1 atm=760 mmHg=1 013.25 mb（ミリバール）=1 013.25 hPa（ヘクトパスカル）=101 325 Pa

圧力1 mmHg［Torr］はなぜ133 Paか

トリチェリの実験によって,大気圧は水銀を760 mm押し上げることが確認されてから,気体の圧力をmmHgで表示するようになりました.圧力は単位面積あたりに加わる力ですから,

$$圧力 = \frac{力}{面積} = \frac{質量(密度 \times 体積) \times 重力加速度}{面積}$$

となります.

1mm Hgは水銀柱の高さ1 mmの底面における圧力ですので,体積として0.1 cm^3,水銀の密度として13.6 g/cm^3,重力加速度として980 cm/s^{2}を代入すると,

$$\begin{aligned}
1 \text{ mmHg(Torr)} &= \frac{13.6 \text{ g/cm}^3 \times 0.1 \text{ cm}^3 \times 980 \text{ cm/s}^2}{1 \text{ cm}^2} \\
&= 1\,333 \text{ g}\cdot\text{cm/s}^2\cdot/\text{cm}^2 \\
&= 133 \text{ kg}\cdot\text{m/s}^2\cdot/\text{m}^2 \\
&= 133 \text{ N/m}^2 \\
&= 133 \text{ Pa}
\end{aligned}$$

となります.

1.5 真空の圧力領域

 実際の真空の程度を考えるとき,真空の圧力領域が問題になってきます.真空の圧力範囲によって物理的にも工業技術的にもかなり異なった性質をもっています.ここでは圧力領域を低真空,中真空,高真空,超高真空,極高真空に分類してそれぞれの領域の特徴を見てみましょう.

(1) 低真空 (大気圧 $10^5\,\mathrm{Pa} \sim 10^2\,\mathrm{Pa}$)

 この領域の気体の物理的性質などは大気圧の状態とほとんど変わりません.この圧力領域の大きな特徴は大気圧との間に圧力差が生じることでしょう.このため吸引・吸着を利用した製品に用いられます.また,空気中の分子(酸素,窒素)の数が減少するため,大気中では酸化,窒化しやすいものの貯蔵,包装などに使われます.

1.5 真空の圧力領域

(2) 中真空（$10^2 \text{Pa} \sim 10^{-1} \text{Pa}$）

圧力が低くなるにつれて，物質の沸点は低下し，大気圧下での温度より低い温度で物質を蒸発（昇華）させることができます．例えば，水は1気圧では100°Cで沸騰しますが，600 Pa程度の真空状態の下では約0°Cで沸騰が起こります．この現象は沸点の高い金属などの熱処理に利用されます．また，この圧力領域では流体としての空気の性質が，大気圧の状態に比べて無視できる程度になります．

(3) 高真空（$10^{-1} \text{Pa} \sim 10^{-5} \text{Pa}$）

この圧力範囲になると，希薄気体としての特徴的な性質をいろいろ示すようになり，微視的立場から見ても，気体分子相互の衝突がまれになります．このため，薄膜作成のための真空蒸着やスパッタリングに使えるようになります．テレビやパソコンのディスプレイのブラウン管などにも用いられます．

(4) 超高真空（$10^{-5} \text{Pa} \sim 10^{-8} \text{Pa}$）

この圧力領域では，容器内壁面上の気体分子も含めて，気体分子の存在を無視できる状態といえます．半導体集積回路で代表されるエレクトロニクス材料や部品の製造には超高真空が必要になります．

(5) 極高真空（10^{-8}Pa 以上）

この圧力領域では，空間にも容器の内壁面にも不純物がなくなり，完全な真空に迫るものですが，超高真空と質的な差はあまりないといえるでしょう．表面分析・表面解析にはこの圧力領域の真空状態が必要になります．

各領域の真空の圧力範囲と気体分子密度を表1.2に示します．

表1.2 真空領域の圧力範囲と気体分子密度

真空領域		圧力の範囲		気体分子密度
区分	略号	Pa	Torr	[個/cm^3]
低真空 low vacuum	LV	大気圧 $\sim 10^2$	大気圧 ~ 1	3×10^{19} $\sim 3\times10^{16}$
中真空 medium vacuum	MV	10^2 $\sim 10^{-1}$	1 $\sim 10^{-3}$	3×10^{16} $\sim 3\times10^{13}$
高真空 high vacuum	HV	10^{-1} $\sim 10^{-5}$	10^{-3} $\sim 10^{-7}$	3×10^{13} $\sim 3\times10^9$
超高真空 ultra high vacuum	UHV	10^{-5} $\sim 10^{-8}$	10^{-7} $\sim 10^{-10}$	3×10^9 $\sim 3\times10^6$
極高真空 extreme high vacuum	XHV	$<10^{-8}$	$<10^{-10}$	$<3\times10^6$

1.6 地上高度と気圧

大気圧は気体分子が地球の引力で引き寄せられて生じるものですから,上空では地上高度が高くなるほど気圧が下がることはよく知られています.高度が1 000 m 上がるごとに,気圧は100 hPa ずつ下がります.

地球の大気は日本でも,アメリカでも,カナダでも大気の濃度は変わっても,その組成は変わりません.高さ10 km 付近までを対流圏(0〜10 km)と呼び,上層と下層の大気の交換,すなわち空気の対流がよく行われます.雲が発生したり,雨を降らせたりする天気現象は対流圏で起こります.対流圏の上が成層圏(11〜47 km)と呼ばれ,ここでは対流は少なくなりますが,空気の組成は地上とほとんど変わりません.その上に中間圏(47〜85 km),熱圏(85 km以上)と呼ばれる層がありますが,大気の総量の3/4は

1.6 地上高度と気圧

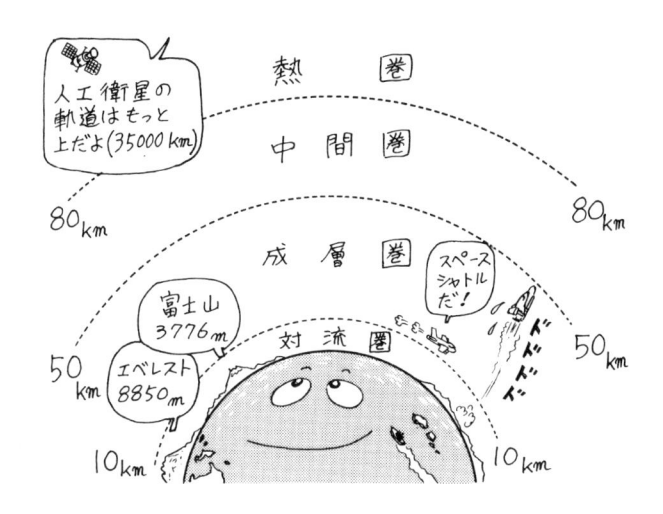

対流圏に集中しています．

　熱圏までの高度と気圧を表 1.3 に示します．富士山の頂上（3 776 m）の気圧は 6.12×10^4 Pa 程度です．ジェット機の飛行高度（10 000 m）で 10^3 Pa，人工衛星の回っている軌道（35 000 km）で 10^{-5} Pa 程度です．

　このように高度が上昇すると気圧が下がりますが，さて，この気圧の低下は人体にどのような影響を及ぼすのでしょう．人間は生命を維持するのに，空気中の酸素を吸って二酸化炭素を吐き出しながら，絶え間なく呼吸しなければなりません．人間が長時間耐えられる気圧の低下の限界はもちろん個人差もありますが約 1/2 気圧といわれています．人間が登頂に成功した最高記録は標高 8 850 m のエベレスト山頂です．この山頂で気圧が約 1/3 気圧ですが，特別な訓練を受けた人では 50 時間程度とどまることができるそうです．し

表1.3 地上高度と気圧

地上高度 [km]	気圧 [Pa]
0	1×10^5
2	8×10^4
5.1	5.3×10^4
9.8	2.7×10^4
18.5	6.7×10^3
28.5	1.3×10^3
40	2.7×10^2
50	6.7×10^1
63	1.3×10^1
89	1.3×10^{-1}

かし，急激に1/3気圧まで減圧すると数分間で意識を失います．急激に減圧すると，体が順応できないので減圧病になります．減圧病になると窒素が血液中に入り気泡をつくり，気泡が細かい血管に入り込んで血管をつまらせ，脳溢血のような症状を起こすそうです．

2章

真空の物理的な性質

地球の表面は大気と呼ばれる気体で覆われています．この大気とは空気のことです．空気中のもとで起こるいろいろな現象は，空気が希薄になり，真空状態になるとどのような変化がみられるのでしょう．ここでは，通常の空気中でみられる物理的な性質と対照させながら，真空状態下で起こる物理的な性質を理解していきたいと思います．

2.1 気体分子密度

私たちが生活している大気圧の空気中では，既に1章で説明しましたように大気の約99%を占める窒素と酸素分子と，その他アルゴン，二酸化炭素をはじめとしていろいろな分子が衝突を繰り返しながら，全く無秩序に空間を飛び回っている状態です．

これらの気体分子の密度はどの程度なのでしょう．0℃, 760 Torr（101 kPa）の標準状態で，空気の分子の密度 n は，

$n = 2.7 \times 10^{19}$ ［個/cm^3］

です．この分子密度は分子の種類が異なっても変わることはありません．例えば，0℃, 760 Torr（101 kPa）ならば窒素，酸素，水素でも 1 cm^3 中に含まれる分子数はすべて 2.7×10^{19} 個なのです．これはアボガドロの法則と呼ばれ，気体に関する重要な法則です．す

なわち「気体分子の種類が異なっても，同一温度，同一圧力，同一体積中には，同数の分子を含んでいる」というものです．0°C, 760 Torr（101 kPa）において，窒素1モルと酸素1モルはそれぞれ22.4リットルの体積を占め，その中に含まれる分子数はすべて同じで，6.02×10^{23}個になります．この分子数をアボガドロ数といいます．

0°C, 760 Torr（101 kPa）の空気 1 cm^3 中の分子の密度 n を実際に計算で求めてみましょう．

いま圧力を P，絶対温度を T，k をボルツマン定数（アボガドロ数を気体定数で割った値）とすると分子の密度 n は次の理想気体の状態方程式から求めることができます．この式の P に 760 を，T に $(273+0)$°C，k に 1.035×10^{-19} を代入すると

$$n = \frac{P}{kT} = \frac{760}{1.035\times10^{-19}\times273} \approx 2.7\times10^{19} \qquad [\text{個/cm}^3]$$

になります．

ここで，ボルツマン定数 k として 1.035×10^{-19} を代入しましたが，この値は圧力の単位に Torr を，体積に cm^3 を使ったときの値であって，ボルツマン定数の値は単位によって異なります．圧力に Pa，体積に m^3 を使うときには k として 1.38×10^{-23} を用います．真空に排気して，圧力が 1 Torr (133 Pa), 10^{-7} Torr (1.33×10^{-5} Pa), 10^{-13} Torr (1.33×10^{-11} Pa) になったときの分子密度の計算結果（温度27°C）を表2.1に示します．

このように膨大な数の気体分子は無秩序に勝手ままに運動していて，速度の速いものもあれば遅いものもあります．これらの気体分子は分子どうしで互いに衝突したり，またある分子は容器の壁に衝突したりします．気体分子がある衝突から次の衝突までに自由に

2.1 気体分子密度

走る距離はまちまちですが,平均的な距離は求めることができます.この距離を平均自由行程と呼んでいます.次の2.2で,気体のいろいろな性質を考えるときや真空排気装置の設計のときなどで大変に便利な数値である平均自由行程について考えてみましょう.

表2.1 圧力を変えたときの気体分子密度の値

| 圧　　力 | | 気体分子密度 [個/cm^3] |
Torr	Pa	
1	133	3.2×10^{16}
10^{-7}	1.33×10^{-5}	3.2×10^{9}
10^{-13}	1.33×10^{-11}	3.2×10^{3}

空気の分子量を求めてみよう

空気の分子量というのは,当然存在しません.分子量は,空気を構成している各成分の分子量を平均して考えます.空気は主として,分子量28.016の窒素が78.03%,分子量32.000の酸素が20.99%,分子量39.944のアルゴンが0.933%,その他微量の元素で構成されていますから,平均すると,

$$\frac{28.016 \times 78.03 + 32.000 \times 20.99 + 39.944 \times 0.933}{78.03 + 20.99 + 0.933} = 28.963$$

となります.
  (質　量)　4.81×10^{-26} kg
  (直　径)　3.72×10^{-10} m
  (密　度)　1.118×10^{-5} kg·m^{-3}

2.2 平均自由行程

多数の気体分子は空間内を自由に飛び回って運動していますが,それぞれの分子の速度はすべて違っています.このような気体分子の運動を熱運動といいます.分子の熱運動を統計的にみると定常状態ではある一定の速度分布則にしたがっていることが知られています.これをマックスウェルの速度分布関数と呼んでいます.速度分布関数を,横軸に分子の速度を,縦軸に分布関数(分子数)をとり,グラフにすると,図2.1のような山形曲線になります.

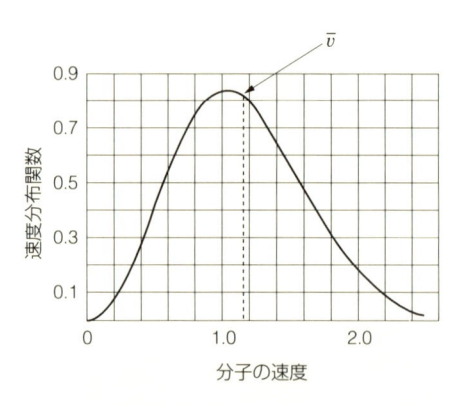

図2.1 気体分子の速度分布(マックスウェルの速度分布関数)
 $\bar{v}$ は平均速度の位置を示します.

気体分子の速度分布を,質量が軽い水素分子(分子量2)と重い窒素分子(分子量28)について,温度が0°Cおよび−187°Cのときで調べると,温度が高くなるほど,また分子の質量が軽くなるほど,速度の大きい分子が数多く存在することが分かります.

また,気体分子の平均速度 ($\bar{v}$) は次の式から求めることができ

ます.

$$\bar{v} = 1.45 \times 10^2 \sqrt{\frac{T}{M}} \quad [\text{m/s}]$$

ただし，Tは絶対温度，Mは分子量です.

温度20°Cでの窒素分子の平均速度を求めると，およそ472 m/sになり，この速度の大きさは空気中を音が伝わる速さ（350 m/s）とほぼ同じ程度になります.

気体分子は，図2.2のように絶えず衝突を繰り返し，ある衝突から次の衝突までの間に運動する距離を自由行程といい，その平均値を平均自由行程と呼んでいます.

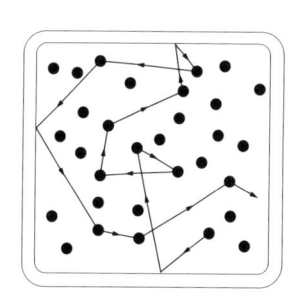

図2.2 気体分子の衝突と自由行程

この平均自由行程は，真空状態下のいろいろな気体の性質（気体の流れ，コンダクタンス，粘性，熱伝導など）を考えるとき極めて重要な数値になります．例えば，平均自由行程が真空容器の寸法に比べて十分大きいときには，気体分子は容器の壁との衝突が中心になって，気体分子どうしの衝突は無視できることになります．一方，平均自由行程が真空容器の寸法に比べて小さいときには，気体分子どうしの衝突が中心になって，容器の壁との衝突は無視できること

になります.

気体分子の速度分布がマックスウェル分布で表されるとき, 平均自由行程 λ は,

$$\lambda = \frac{1}{\sqrt{2}\pi n \sigma^2}$$

で与えられます.

ただし, n は気体分子の密度, σ は分子直径です.

一定の温度において, 平均自由行程は分子直径が大きいほど, また分子密度が高いほど小さくなります.

温度25℃, 圧力1Torrおよび1Paにおける, いくつかの気体の分子直径と平均自由行程は表2.2のようになります.

表2.2 温度25℃, 圧力1Paおよび1Torrにおける分子直径と平均自由行程

気体の種類	分子直径 ($\times 10^{-10}$ m)	平均自由行程 1 Pa ($\times 10^{-3}$ m)	平均自由行程 1 Torr ($\times 10^{-5}$ m)
水 素	2.75	12.41	9.31
ヘリウム	2.18	19.63	14.72
ネオン	2.60	13.93	10.45
アルゴン	3.67	7.08	5.31
空 気	3.72	6.79	5.09
酸 素	3.64	7.20	5.40
炭酸ガス	4.65	4.45	3.34

特に常温の窒素ガス (空気) の場合の平均自由行程は, 近似的に次の式で求めることができます.

$$\lambda = \frac{0.68}{P\,[\mathrm{Pa}]}\ [\mathrm{cm}]$$

この式は, 圧力の単位としてPaを代入すると平均自由行程が

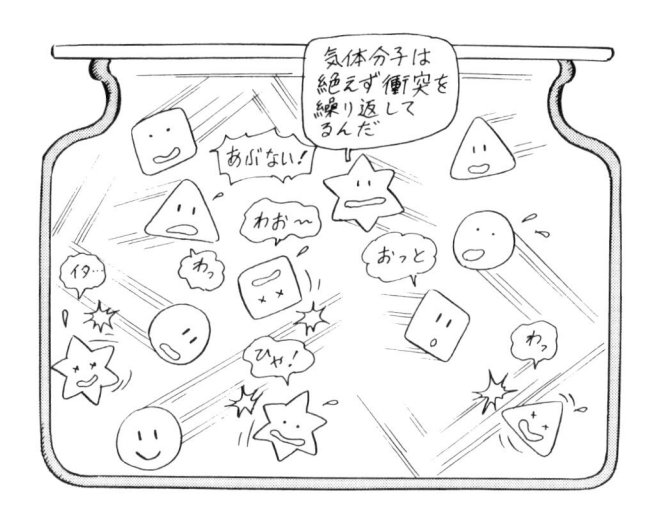

cm で求められることを意味しています．

$$\lambda = \frac{0.005}{P\,[\mathrm{Torr}]}\ [\mathrm{cm}]$$

この式は，圧力の単位として Torr を代入すると平均自由行程が cm で求められることを意味しています．

大気圧の平均自由行程は 0.000 1 mm 以下ですが，圧力 1 Pa の平均自由行程は約 7 mm です．圧力 10^{-4} Pa (10^{-6} Torr) では 50 m にもなります．すなわち，高真空状態では，ほとんどの気体分子は容器の壁面と衝突していることが分かります．

大気圧の平均自由行程が 0.000 1 mm (10^{-7} m) 以下というと極めて小さいという印象をもちますが，空気分子の直径が 3.72×10^{-10} m ですから空気分子になったつもりで想像してみてください．

次に，真空容器の壁面に衝突する気体の分子数を求めてみましょう．

単位時間，単位面積の壁面に衝突する気体の分子数は，平均自由行程の値と同様に真空技術においてよく用いられる重要な値の一つです．この値は気体の分子密度 n と気体分子の平均速度 $\bar{v}$ に比例することは容易に理解できるでしょう．

壁面に衝突する気体の分子数 Z_n は

$$Z_n = \frac{1}{4} n \bar{v}$$

で与えられます．

この式を実用に便利な単位に換算すると，

$$Z_n = \frac{2.6 \times 10^{24} P}{\sqrt{MT}} \quad [\text{個}/\text{m}^2 \cdot \text{s}]$$

となります．

ここで，P [Pa] は気体の圧力，M は分子量，T は絶対温度です．

2.3 圧　力

容器内に気体をつめると，気体は容器の内壁に垂直な力，すなわち圧力を及ぼします．微視的にみれば気体分子が容器の内壁と衝突し，はね返るときの衝撃を壁が受けるときの力といえます．

気体の圧力 P は，気体の分子密度を n，ボルツマン定数を k，絶対温度を T とすれば，

$$P = nkT$$

で与えられますから，温度が一定ならば，圧力は分子密度だけで決まります．すなわち，軽い分子だけで満たされたガスでも，重い分子のガスでも，また混合ガスでも，分子密度だけが圧力を決めてい

ることに注意する必要があります．

さて，JISでは圧力をどのように定義しているのでしょう．

JIS Z 8126-1（真空技術―用語―第1部：一般用語）によれば，圧力は「空間内のある点を含む仮想の微小平面を両側の方向から通過する分子によって，単位面積当たり，単位時間に輸送される運動量の面に垂直な成分の総和．空間内に定常的な気体の流れがあるときは，流れの方向に対して面の傾きを規定する」と書かれています．これを簡単に一言でいえば圧力は分子が面に与える運動量（分子の質量と分子の速度の積）であるということです．このように真空技術，真空工学では常に分子という考え方が基本になっています．

既に1章で触れましたように，圧力の単位は単位面積当たりの力（N/m^2）ですから，真空の程度を数量的に表すには，圧力のSI単位であるパスカル［Pa］やトール［Torr］などで表します．

ここで，実用上で重要な大気の圧力と真空との差圧について考えてみましょう．

大気圧の大きさはトリチェリの実験から，水銀（密度13.6 g/cm^3）を76 cm押し上げますから，$13.6 \times 76 \times 10^{-3} = 1.033 ≒ 1$［kgf/cm^2］になります．したがって，$p$ Torrの圧力に容器を排気したときの大気圧との差圧は

$$1 \text{ kgf}/\text{cm}^2 \times \frac{760 - p}{760}$$

になります．この式からある容器を380 Torr（1/2気圧）に排気した場合，大気圧との差圧は0.5 kgfになります．図2.3で見られるように，差圧は760 Torr（1気圧）から100 Torr程度までは大きくなりますが，それ以上の高真空まで排気してもほとんど変わらなくなります．

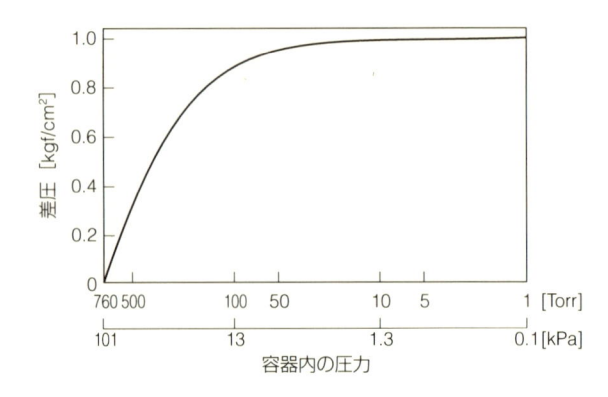

図 2.3 差圧と容器内の圧力との関係

2.4 気体の流れ

気体の流れには図 2.4 で見られるような乱流,粘性流,分子流があります.まず乱流ですが,例えば大気圧になっている真空容器を初めて真空ポンプで排気するときなど,乱流は短時間だけ大気圧に近い圧力のところで発生することがあります.乱流は部分的に渦や振動が発生する乱れた流れの状態をいいます.この乱流が起こると,真空容器内のゴミや粉塵が舞い上がり,試料を汚してしまうことがあります.乱流の発生を防ぐには真空容器から真空ポンプに通じるバルブを急速に全開にしないで,排気速度を小さくするように調節して,時間をかけてゆっくりと排気することです.

気体の圧力が高く(低真空領域),気体分子どうしの衝突が気体分子と管壁との衝突に比べて優勢であるとき,気体の流れの状態を決める大きな要素は気体の粘性です.このような気体の流れの場合には,管の中心軸の流速が最も速くなり,管壁では流速が 0 となる速度分布をもち,流速が時間的に変動しなくなります.この流れを

2.4 気体の流れ

乱流

粘性流

分子流

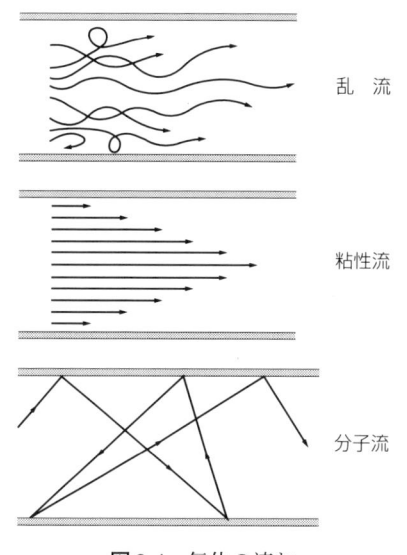

図 2.4 気体の流れ

粘性流(層流)と呼んでいます．この粘性流のときには気体を流体と同じように取り扱うことができます．

これに対して，圧力が低くなり(高真空領域)，気体分子と管壁との衝突が優勢になるような条件のもとでは，分子相互間の衝突が少なくなり，粘性の影響はなくなってきます．このような気体の流れの場合には，流れるというよりも，1個1個の分子の運動そのものが，平均して分子の移動に関係してくるようになります．この流れを分子流と呼んでいます．

さらに，粘性流と分子流の中間的な流れの領域を中間流と呼んでいます．この領域では圧力によって粘性流と分子流の比率が異なってきます．

2.5 コンダクタンス

真空排気装置では真空容器と真空ポンプをつなぐ配管が必ず必要になります．配管中を気体が流れるときに生じる抵抗を配管抵抗と呼び，この配管抵抗の逆数をコンダクタンスといいます．したがって，コンダクタンスは気体の流れやすさを表します．

図2.5のように配管の両端の圧力がそれぞれP_1, P_2で，配管内を流れる気体の量をQとし，コンダクタンスをCとすると，その関係は

$$Q = C(P_1 - P_2)$$

で表されます．

図2.6のように異なるコンダクタンスをもつ配管を並列または直列に接続する場合の合成コンダクタンスCは次のようになります．

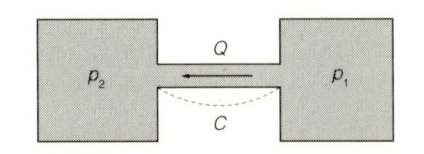

図2.5 配管のコンダクタンス

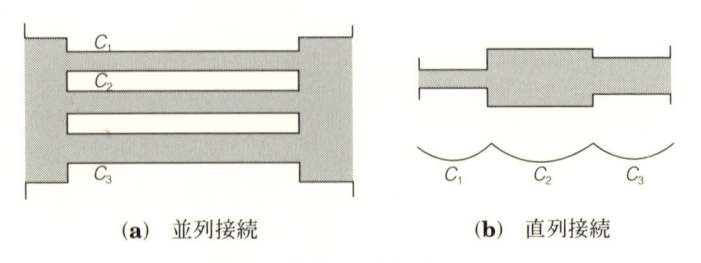

(a) 並列接続　　(b) 直列接続

図2.6 合成コンダクタンス

(並列接続) $C = C_1 + C_2 + C_3 + \cdots$

(直列接続) $\dfrac{1}{C} = \dfrac{1}{C_1} + \dfrac{1}{C_2} + \dfrac{1}{C_3} + \cdots$

このようにコンダクタンスを求める式は,電気回路における電流I,抵抗R,電圧Vと同じような対応で考えられますから,$Q \Leftrightarrow I$,$1/C \Leftrightarrow R$,$P \Leftrightarrow V$と置き換えてみると分かりやすいでしょう.

ここで配管に最も多く用いられるのは円形導管ですから,粘性流および分子流における円形導管のコンダクタンスを求めてみましょう.

導管の長さl [m],直径d [m],導管の両端の圧力P_1,P_2の平均圧力$\bar{P} = (P_1 + P_2)/2$ [Pa] とすると,20°Cの空気について

(粘性流) $C = 1\,349 \dfrac{d^4 \bar{P}}{l}$ [m$^3 \cdot$s^{-1}]

(分子流) $C = 121 \dfrac{d^3}{l}$ [m$^3 \cdot$s^{-1}]

で求めることができます.この式から粘性流におけるコンダクタンスは管の直径の4乗に比例し,平均圧力に比例すること,分子流におけるコンダクタンスは管の直径の3乗に比例し,圧力によらないことが分かります.

2.6 粘 性

気体分子の粘性は速い平均速度をもつ分子と遅い平均速度をもつ分子とが,分子の熱運動によって混ぜられ,衝突によって速度が均されることによって生じます.このことから気体の粘性の大きさは平均自由行程と熱運動の平均速度に比例します.

したがって,気体分子の平均自由行程が真空容器の寸法に比べて,

十分に小さな圧力範囲では，粘性は圧力に依存しないことになります．いっぽう，平均自由行程が真空容器の寸法に比べて大きな圧力範囲では，粘性は圧力に比例することになります．この圧力が低いときの粘性が圧力に比例することを利用するのが，粘性を利用した真空計です．

また，私たちは油や水などの液体の粘性についての日常の経験から，温度が上がると粘性が小さくなることを知っていますが，一般に空気などの気体では，逆に温度が上がると粘性がわずかながら増加します．

2.7 沸　　点

液体はある温度になると，液体の表面から気化（蒸発）が始まります．同時に液体の内部にも蒸気の気泡ができるようになり，沸騰が起こります．この沸騰の起こる温度を沸点または沸騰点といいます．沸点は外圧を大きくすると上昇し，外圧が下がると沸点も下がります．私たちが普段，生活しているところの気圧は通常は1気圧（760 Torr＝101 kPa）ですから，水は100°Cで沸騰します．よく知られているように富士山の頂上（3 776 m）で普通の釜でご飯を炊くと，水が低い温度（88°C）で沸騰するためにうまく炊くことができません．富士山の頂上では気圧が645 hPaですから，空気が市街地の0.64倍の薄さになっているからです．沸点はおよそ300 m登るごとに1°Cずつ下がります．そこで標高の違いによる沸点の低下を自動的に感知し，加熱時間を調節して，おいしいご飯を炊くことができる炊飯釜もつくられています．液体の沸点が下がるのは，このように水だけでなく，アルコールや石油も，外圧が下がると沸点が低下します．

2.7 沸 点

　水の沸点は1気圧のとき，100.00°Cですが，圧力 p [Torr] のもとでの，水の沸点は次の式で求めることができます．

$$水の沸点 = 100.00°C + 0.036\,7(p-760) - 0.000\,023(p-760)$$

水の沸点と圧力との関係は図2.7のようになります．沸点は圧力 4.58 Torr（610 Pa）で0°C，圧力 31.8 Torr（4.24 kPa）で30°C，圧力 149 Torr（19.9 kPa）で60°Cになります．

　なお，真空にして沸点が下がると融点も下がるのではないかと思われますが，金属の融点はほとんど圧力に依存しません．融点に対する外圧の影響は極めてわずかで，高圧の環境のもとでは融点が少し上昇または下降することがあります．

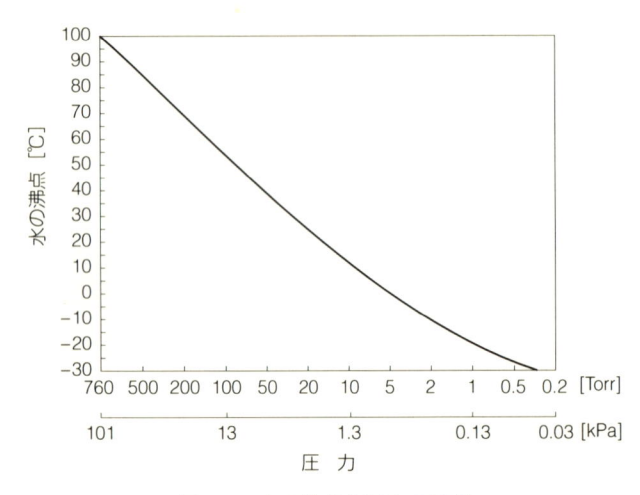

図 2.7 水の沸点と圧力の関係

2.8 光の透過・吸収

空気は紫外線（380 nm 以下），可視光線（400〜750 nm），赤外線（0.78 nm 以上）に対して透明ですが，およそ 185 nm 以下の波長に対しては不透明になります．波長が 300 nm より長波長の領域を近紫外線，波長 200〜300 nm の領域を遠紫外線と呼ぶことがあります．地上に達する紫外線はほとんどが近紫外線に限られます．これは空気中の酸素分子が波長 240 nm 以下の紫外線を吸収するためです．

波長が 185 nm より短くなると，さらに窒素分子による強い吸収が現れ，これより短い紫外線の実験は真空容器（圧力 10^{-3} Pa 以下）の中で行わなければならず，真空紫外領域とも呼ばれています．

光学材料も可視光線では通常の光学ガラスが使えますが，紫外線

に対しては200 nm付近まで透明な石英ガラスが用いられます．さらに，短い波長領域ではガラスが使えなくなりますから結晶を用いなくてはなりません．フッ化カルシウム（CaF_2）が波長123 nm，フッ化マグネシウム（MgF_2）が波長110 nmまで比較的よく透過します．

赤外線ランプによる外部からの真空容器内の試料加熱，赤外スペクトルの測定などにおいて，通常のガラスは，約2.5 μm以上の赤外線を透過しませんので，窓ガラスの材料として石英ガラスを用います．

なお，紫外線と可視光線の波長の単位にはnm（ナノメータ）が，赤外線の波長の単位にはμm（マイクロメータ，ミクロン）が主として用いられます．

$$1\text{ nm} = 10^{-9}\text{ m} = 10^{-3}\text{ μm} \qquad 1\text{ μm} = 10^{-6}\text{ m} = 1\,000\text{ nm}$$

ガラス（石英，コバール，サファイア）の分光透過率曲線を図2.8に示します．

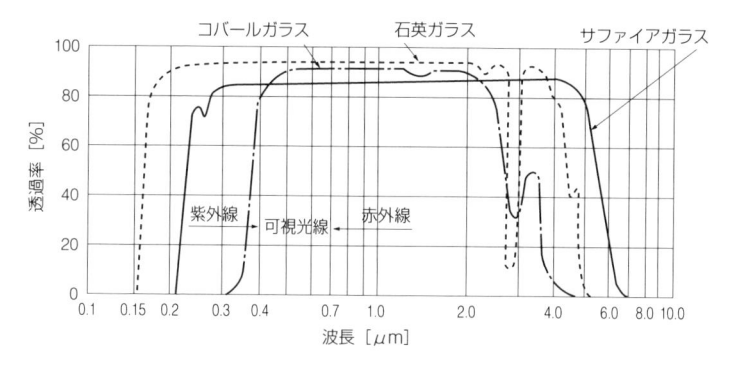

図2.8 分光透過率曲線

2.9 音の伝搬

太鼓をたたくと，太鼓の皮がへこみ，まわりの空気が薄くなります．皮がはね返ってふくらむとまわりの空気は押されて濃くなります．太鼓の皮が振動するたびに空気の疎密を生み，図2.9のような粗密波（縦波），すなわち音波となります．このように，音は空気中に圧力変化が起こると発生します．

温度0°Cでの空気中の音速は331.5 m/sであることが実験から分かっていますから，t [°C] での音速vは $v \approx 331.5 + 0.6t$ で求められます．したがって，常温（20°C）での空気の音速は343.5 m/sになります．

さて，真空中では音は伝搬されるのでしょうか．

音を伝えるのには，よく知られているように音の振動を伝える物質（空気）が必要になります．振動を伝える物質が周囲にない状態（真空状態）では，音を発生させても全く聞こえないということに

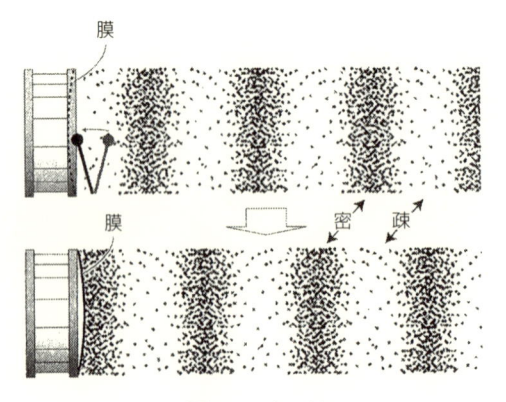

図2.9 音 波

2.9 音の伝搬

なります.これはいわゆる完全真空の状態で,空気分子が極端に少ないか,全く存在しない場合でしょう.

中学校の理科に「真空鈴」の実験があります.真空容器にベルを入れ,容器の中の空気を抜いていきます.このとき,ベルを鳴らし続けていると,空気が抜けていくにつれて,音がだんだん小さくなっていくという実験です.

この音がだんだん小さくなっていく理由として,普通「音を伝えてくれる空気がなくなるために,音が小さくなる」と説明されています.しかし,油回転ポンプで排気できる $10^{-2} \sim 10^{-3}$ Torr 程度の圧力では分子密度もまだかなり高く(平均自由行程が短い),可聴音($20 \sim 20\,000$ Hz)の伝搬を抑止する効果は期待できないという文献もあります.音が伝わるかどうかは気体分子の平均自由行程と音波の波長の兼ね合いで決まり,空気中では気体分子の平均自由

行程（10^{-7} m）が音波の波長（可聴音で0.1～10 m）より圧倒的に短く，音がよく伝わることになります．

「真空鈴」の実験で音が小さくなるのは空気の存在の有無よりも，むしろ「音が伝搬するときの音響インピーダンス（音の波が進むときに感じる手ごたえ）の差のために，音が外部に透過できないためである」と説明されています．

2.10 熱伝導

物質内に温度差があると高温の部分から温度の低い方へ熱が移動します．そのとき熱だけが移動する場合を熱伝導と呼びます．熱の移動は温度の勾配と逆の方向に流れ，流れる熱量 Q は温度の勾配 ΔT に比例します．

$$Q = -k\Delta T$$

ここで，右辺のマイナスは熱の移動が温度の勾配と逆向きに生じることを示しています．k は熱伝導率です．熱伝導率とは熱の移動の起こりやすさを表す係数です．気体は液体・固体に比べて原子・分子の密度が小さく，したがって，熱容量も小さいため熱伝導率も小さくなります．1気圧の空気の熱伝導率は水の1/25，銅の1/10 000以下です．

気体の圧力が高いときと，低いときの熱伝導率の相異点をまとめると，次のようになります．

(1) 圧力が高いとき，気体の熱伝導率は圧力に無関係になります．例えばヘリウムの場合，熱伝導率は大気圧から100気圧までほとんど変わりません．

(2) 圧力が低いとき，気体分子の平均自由行程は長くなります．平均自由行程が高温の部分と低温の部分との間の距離よりも十

分に長くなると,高温の部分の分子は低温の部分に直接,熱エネルギーを運びます.この分子の密度は圧力に比例しますから,熱伝導率は気体の圧力に比例することになります.この圧力が低いときの,熱伝導が圧力に比例することを利用した熱伝導真空計が,5章で解説されるピラニ真空計です.

2.11 電気伝導

空気は普通,不導体ですが,空気中に置かれた電極間に直流電圧を印加すると,宇宙線,放射線などによって,自然に発生した電子が加速されて,気体分子を電離し,導電性を帯びるようになります.このとき電極間にわずかな電流が流れます.この状態では発光を伴いませんから暗流と呼ばれています.さらに電極間の電圧を高めると,ある電圧のところで絶縁破壊が起こり,火花放電が起こります.この絶縁破壊が起こる電圧,すなわち火花電圧Vは,気体の温度が一定のもとでは気圧Pと電極間距離dの積の関数になります.すなわち,$V=f(Pd)$の関係になることを,最初,パッシェンが実験的に見つけましたので,これをパッシェンの法則といいます.この法則は $P=10^{-2}$ Torr (1 Pa) 〜 2 400 Torr (320 kPa), $d=5\times10^{-4}$ cm 〜 20 cm の広い範囲で成り立つことが知られています.

図2.10は,空気,水素,炭酸ガスの場合の火花電圧が気体の圧力と電極間距離の積によってどのように変化するかを示したものです.火花電圧は気体の圧力が低下するか,電極間隔を狭くすると,ある値から急激に高くなります.したがって,高真空領域は良好な絶縁材料と見なすことができます.真空装置の電気的な設計をするときの考え方は,この関係が基本になります.

なお,1気圧の空気では,電極間距離1 cm の平行平面板電極の

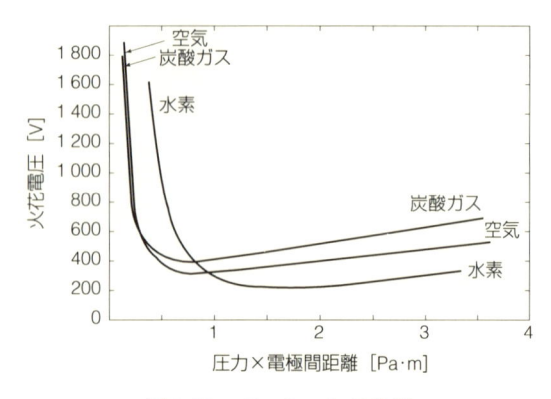

図 2.10 パッシェンの法則

破壊電圧は 30 kV/cm というのがだいたいの目安です．10^{-5} Torr（10^{-3} Pa）以下の高真空中の破壊電圧は陰極の材料に強く影響して，タングステン陰極で 500 〜 600 kV/cm，モリブデン陰極で 1 300 kV/cm 程度になります．

2.12　放電現象

ガラス放電管を 10 Torr（1.3 kPa）程度まで真空に排気してから，放電管両端の電極に直流の高電圧を印加すると，発光が管内一面に広がります．これが電極間電圧およそ数百 V で安定した低気圧グロー放電です．図 2.11 に示すように管長方向の場所によって発光の状態が異なり，陰極から陽極に向かって，陰極暗部，負グロー，ファラデー暗部，陽光柱が観察されます．負グローおよび陽光柱の色は気体の種類で異なりますが，空気（窒素）では負グローの発光色は青色に，陽光柱は赤色になります．

また，同図には管長方向の電位分布が図示されていますが，グロ

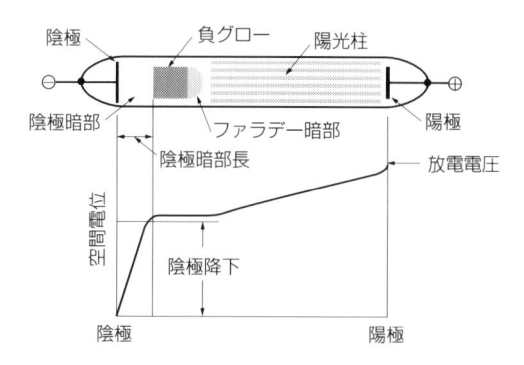

図2.11 グロー放電の構造と空間電位分布

一放電で重要なのは陰極の近傍で，電位分布は負グローに向かってほぼ直線的に上昇します．したがって，この陰極降下領域（陰極暗部）では電界が高く，数多くの高いエネルギーをもつ電子と気体分子との衝突によって盛んに正イオンが作られます．この正イオンは加速されて陰極金属に衝突し，正イオンとの運動量の交換によって陰極金属原子が空間に放出される，いわゆるスパッタ作用によって，陰極金属物質が陰極近辺のガラス管の内壁に付着するようになります．このスパッタ現象は，3章で説明される各種薄膜の作製に利用されます．陰極暗部の厚さはほぼガス圧に反比例し，圧力を下げると陰極暗部が伸び，陽光柱は短くなります．陽光柱の部分は電子密度と正イオン密度がほぼ等しい，いわゆるプラズマ状態になっています．この陽光柱プラズマは，蛍光灯・ガスレーザ管・ネオン管などに利用されています．

2.13 摩　擦

　接触している二つの物体が相互に運動しているとき，あるいは運動しようとするとき，その接触面において運動を妨げる方向に力が生じます．この力を摩擦力といいますが，摩擦力を単に摩擦ということもあります．摩擦の法則によれば，摩擦力は摩擦面に働く垂直荷重に比例します．この摩擦力を垂直荷重で除した値が摩擦係数（摩擦の大きさの程度を示す値）として定義されています．

　大気中での物質の摩擦係数はおよそ1以下の値になりますが，高真空中では金属どうしの摩擦係数として100近くの値が測定されています．この原因として，一般に空気中に置かれた金属の表面は，酸化物やいろいろな吸着物などで覆われていて潤滑されていますが，高真空中ではこれらが取り除かれるためと考えられています．

また，金属どうしの摩擦において，少量の酸素の存在によって摩擦係数はかなり低下します．例えばタングステンどうしの摩擦の場合，超高真空中（10^{-8} Pa）で酸素がないとき，摩擦係数は3.0ですが，酸素が表面に吸着すると1.3になるという報告があります．

　真空中で物を駆動させる要求は，半導体の製造過程や宇宙用機器において，ますます増加することが予想されますが，真空中での駆動は一般に物質の摩擦係数が増大するため，大気中で駆動する場合に比べて，運動が極めて厳しいものとなります．

　機械部品の可動部を確実に駆動させるためには，接触して動く部分を油などで潤滑する必要がありますが，高真空中では油は蒸発してしまうため，潤滑油が使用できません．このため宇宙用機器では，固体で潤滑する方法（固体潤滑剤）が広く採用されています．

3章

真空のはたらき

　真空という言葉から、私たちは、すぐに食品の真空パック、真空ポット、真空掃除機などを連想するでしょう。しかし、これらは真空技術の利用・応用分野からみれば、ほんの氷山の一角にすぎません。真空技術は私たちの想像を超えたいろいろなところで使われています。極端に言えば、真空技術なしでは食生活を含めた日常生活は存続できないところまで浸透してきているといってもよいでしょう。私たちの身のまわりで、真空技術が目に見えるところ、見えないところで活躍しているのです。ここでは真空の利用目的別に最近の真空技術の利用状況をみてみましょう。

3.1 真空で吸引・吸着する

　ここで取り上げる真空吸引とは、真空を利用して物を吸い込み、それを取り出す場合などのことをいいます。また、真空吸着とは物を取り出すとき、道具を使ってつかむのではなく、大気圧と真空との圧力差によって引き付けて持ち上げたり、固定したりすることをいいます。最も身近な吸引の例にはストローでジュースを吸い込む場合が、吸着の例にはバスルームの壁に吸盤でタオル掛けを取り付けるような場合があります。

　まず吸引から、どのようなところで真空が利用されているのかを

56　　　　　　　　　　　　　　　　3章　真空のはたらき

> いまや真空技術なしでは食生活をはじめ日常生活は存続できないところまできています

> 目に見えるところ　見えないところで活躍してるんだね

みてみましょう．

　医療分野ではいろいろな分泌物などの吸引に真空吸引がいたるところで利用されています．歯の治療で歯科医院にいくと治療中に口腔内にたまる唾液などの分泌物を吸引してくれます．また人間ドックで採血のときに使われる採血管も真空吸引が利用されています．図3.1のような採血管は内部が真空になっていて，血管に注射針を刺すと圧力差によって適切な量の血液が吸引されるようになっています．1回だけ注射針を刺せば，採血管を取り替えるだけで検査で

図3.1　真空採血管

3.1 真空で吸引・吸着する

必要とする量の血液を吸引することができます．

毎日飲む牛乳をしぼるには，乳牛の乳を吸う子牛の口と似せて作った乳頭キャップを乳房にあてがい，ゴクゴクと飲む動作を真空吸引を利用して再現することで，搾乳の効率化を図っています．これは乳頭キャップ内の圧力を周期的に変化させるだけで，周期を子牛がゴクゴク飲む速さに真空吸引のスピードを近づけているのです．

真空吸着は，卵のパック詰めやガラス板の搬送などの衝撃に弱く，割れやすいものの運搬に最適ですが，重量物の木材，鉄板などの搬送にも利用されています．このような品物の搬送用吸着パットの材質にはやわらかいゴムや軟質塩化ビニールなどを使うことにより，品物を傷つけることなく固定・搬送することができます．また，半導体などの電子部品とボードを融合させ，回路として完成させる実装などのように，小さく，部品の汚れやキズを極端に嫌う作業では図3.2のような真空ピンセットが使われます．

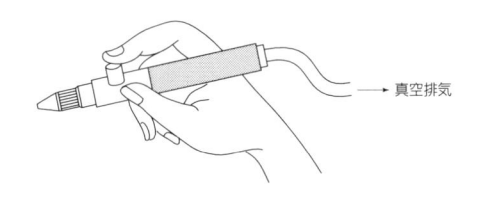

図 3.2 真空ピンセット

ビデオテープの磁気テープ巻取り装置のように高精度な品質が要求される磁気テープの製造過程でも真空吸着が使われています．テープを巻き取るときに，適当な張りを保たせるための巻取り用ローラーのテープの吸着やテープを裁断するときの固定のための吸着などに用いられています．

吸引・吸着の利用分野は非常に多く，すべてを紹介することはできませんので，利用分野別にその具体的な用途を表3.1にまとめました．

表3.1 吸引・吸着の利用分野と用途

利用分野	吸　　引	吸　　着
電子・電機	はんだ吸引器，真空充てん機，液晶注入装置，ダストカウンター	プリント基板実装装置，ディスク製造装置，ねじ締め機，チップマウンタ，磁気テープ巻取装置
食　品	焼肉煙り吸引機，食品吸引選別機	天ぷら自動製造機，食器洗浄器，油揚製造機
包　装	グローブボックス，真空充てん機	包装材吸着搬送，ラベリングマシン，真空成型機，卵パック装置
医　療	採尿器，細菌血球カウンター，分注器，低周波治療器，マッサージ器，酸素発生器，人工呼吸器，血液吸引器，各種分析器，歯科治療吸引器，脂肪吸引器	産科用吸引器，低周波治療器，X線撮影機（フィルム吸着用），車椅子用ロボット
印　刷	スクリーン印刷機，プリント基板印刷機	フィルム吸着，写真製版機，焼付器，製図器，スキャナー，自動印刷機，ラベラー
理化学機器	サンプリング，ガス回収，ダストカウンター，分光光度計，真空ろ過器，自動車排ガス分析器，公害測定機器	真空ピンセット
光学器械	フィルムカットくず収集用	レンズ吸着用，レンズ研磨用，ガラスカッティングマシン
産業器械	自動機の廃棄物収集用，はんだガス用，射出成型器，真空成型器	ロボット，真空チャック，紙幣カウンター，真空ピンセット，真空クラッチ，コンクリートコアドリル
半導体	半導体製造ガス抜用，クリーンベンチ	ウエハー吸着，ウエハー搬送，ICテスター，IC組立機，チップマウンター

3.2 真空で酸化を防止する

　酸素のはたらきには燃焼（激しい酸化）と有機物の分解があります．生命維持にとってなくてはならない酸素も有益なはたらきばかりではなく，酸化と有機物の分解により悪影響も及ぼします．酸化とは，物質が大気中の酸素と結合して別の物質になることです．有機物の分解とは食物の腐敗などがそれに当たります．

　酸化を防ぐには，物質を酸素に触れないようにすればよいわけですから，物質を密閉された容器に入れて真空ポンプなどによって排気し，物質のまわりの空間に存在する酸素を取り除くことによって酸化を抑制することができます．

　真空パックされた食品は，食物を酸素に触れさせないようにして食物の腐敗を防いでいるのです．食品に含まれる油脂成分は特に酸化されやすく，不快な臭いや食物の味がおちる原因となります．ファミリーレストランなどでは魚や肉はプラスチックバッグに真空パックして，保管しています．調理するときは湯煎（ゆせん）で熱するだけで済み，味の統一も図ることができます．

　生花のような自然のままの美しさを，いつまでも保つことができる花がエバーフラワーです．図3.3のようにガラス容器内を真空排気し，特殊なガスを充てんしているため，酸化による色あせを防ぎ，長期間生花のような色合いを保持することができます．

　お茶の葉は温度と光で変質しやすく，いろいろな臭いも吸収します．そこでアルミ製の茶袋に詰め，真空排気（脱酸素）してから窒素を充てんして保存します．このような保存処理をしますと，1年間，新茶のときの味と風味が変わらないそうです．

図3.3 エバーフラワー

3.3 真空で乾燥する

　乾燥したいものを真空容器の中に入れて真空排気すると，水分が蒸発します．この方法を真空乾燥といいます．あらかじめ試料を凍結させ，凍ったままの状態で真空中で昇華によって水分を除去する方法を凍結真空乾燥といいます．2章の沸点のところで説明しましたように真空（減圧）にすると沸点が下がります．このことは真空にすると，低温でも水を蒸発（昇華）させることがことができることを意味しています．

　真空乾燥は大量の処理を必要とする乾燥に最適です．調味料や香辛料，魚や野菜，洗浄後の電子部品，金属材料などの乾燥に広く使われています．

　凍結真空乾燥で作られた食品のことをフリーズドライ（**FD**）食品といいます．凍結真空乾燥は，低温で乾燥を行うことから，生の

風味が保たれるため,栄養や芳香を損なわずに乾燥できます.コーヒー・ラーメン・味噌汁・肉・野菜など数え上げればきりがないほど,インスタント食品の製造に凍結真空乾燥が利用されています.

医薬品分野では,抗生物質・血液製剤・ワクチンなどを凍結真空乾燥することにより,常温で長期間の保存が可能になりました.

3.4 真空で蒸留する

蒸留とは液体の混合物を,その成分の沸点や蒸気圧の違いを利用して組成成分に分離する操作をいいます.圧力 200 Torr (2.7×10^4 Pa)以下で行う蒸留操作を真空蒸留といい,これ以上の圧力の場合を減圧蒸留と呼んでいます.通常の常圧蒸留装置では酸化による分解・変質が起こり適切な分離ができない物質,あるいは熱的

に不安定な物質などには，真空蒸留が使われます．

中東諸国から輸入された原油は，まず常圧蒸留（分留）装置（精留塔）によって，重油，軽油，灯油，ガソリンに分離されます．重油はさらに真空蒸留されます．その結果として潤滑油，ろう，ワックス，アスファルトなどはそれぞれ別々の工程を経て，さまざまな石油製品が生まれます．

金属の高純度化にも真空蒸留が用いられます．マグネシウム，カルシウム，ナトリウムなどは融点が低く，極めて活性で，酸素などとすぐに反応しますから真空蒸留が最適なのです．原料に含まれる不純物などはそれぞれの融点の差を使って取り除かれます．

0.1 Torr（13 Pa）以下の真空状態のもとで行われる蒸留は分子蒸留と呼ばれています．高真空下では平均自由行程が長くなり，蒸発した分子は他の分子とほとんど衝突しないで凝縮（凝結）される

ようになります．蒸発の速度は，ほぼ成分の蒸気圧に比例し，分子量の平方根に逆比例します．分子蒸留は高沸点物質やビタミン類の濃縮精製などに用いられます．

焼酎などの蒸留酒の製造にも減圧蒸留が使われています．減圧による沸点の低下を利用すると，蒸留されて出てくる液体の化学変化も少なくなり，味・香りの淡い焼酎ができます．

3.5 真空で含浸する

多孔質の物質や複雑な構造をしている材料に効率よく液状の物質をしみ込ませるために真空含浸が利用されています．多孔質の物質などに含まれている空気，水分などを真空排気し，除去してから，しみ込ませたい液状の物質を大気圧で押し込み，しみ込ませる方法です．

この真空含浸は複雑な電気部品に絶縁材をしみ込ませる場合，真珠の表面に顔料をしみ込ませ，つや出しする場合，木材，織物などに不燃物をしみ込ませて不燃化させる場合などに利用されています．

真空含浸の一風変わった用途には真空含浸育毛法があります．頭部に真空キャップをかぶせ，真空排気して毛穴の深部の老化脂を抜き取り，その後，発毛促進剤を頭皮に含浸させて育毛させようというものです．

3.6 真空で断熱する

熱の伝わり方には，対流，伝導，輻射があります．真空中では，対流は起こりません．したがって，伝導をできるだけ小さくし，輻射熱を反射板を利用して熱源のほうへ反射させて戻してやると，より効果的な断熱ができます．

魔法瓶（ポット）や液体窒素の保存用のデューア瓶などは，図3.4のようにガラスまたはステンレスを使用した二重壁の容器になっています．壁と壁との間は真空になっています．壁の内側は銀メッキされ，熱を反射し外部からの熱を遮断するようになっています．これらの容器は水などの液体を入れたり出したりするのには大気と触れる固体部分もないと困りますが，できるだけ小さくしてあります．家庭用のステンレス魔法瓶の真空の圧力は10^{-5} Torr（10^{-3} Pa）程度の高真空に保持されています．

真空ガラスは，2枚のガラス板の間を真空にすることによって断熱します．このガラス窓を用いた住宅では，夏場は冷房で冷えた室内に外気の侵入を防ぎ，冬場は暖房の熱を外に逃すことがなく，高断熱性を保持できます．

図3.4 ポット

光は通すが熱は逃がさない，この真空の性質を応用したものに太陽熱温水システムがあります．集熱器の真空ガラス管は内管と外管を二重構造にしてその間を真空にし，断熱特性を強化したものです．

3.7 真空で冷却する

　食品の中に含まれている水分を，真空に排気することによって蒸発させます．蒸発するときに水分が食品から潜熱を奪うことで，短時間でむらなく冷却させる方法を真空冷却と呼んでいます．例えば，約 1.2 kPa まで真空に排気することによって，水は 10°C で沸騰し，その際 591.5 kcal の熱量を必要とします．野菜などの青果を真空室で約 1 kPa 程度に排気すれば，水分は蒸発し，蒸発潜熱によって 10°C 以下に冷却できることになります．

　食品の真空冷却は，強制冷風や冷蔵庫による冷却に比べ，極めて急速に，しかも均一に冷却することができます．強制冷風による食品，青果などの冷却では冷却時間がかなりかかります．したがって，全体が冷却するまでに風味，鮮度などが劣化して食品の価値がなくなってしまいます．

　例えば，レタス，キャベツなどの玉になっている野菜は強制冷風では葉の外側から冷却し，レタスの芯のところまで冷却するのに夏で 10 時間ほどかかります．真空冷却を利用した場合は，レタスのように葉が何十枚も巻かれていようと，玉の中まで短時間で冷やすことができます．通常，数分から十数分で玉の中まで完全に冷却することができ，しかも鮮度を長時間保つことができます．

3.8 真空で脱気・脱泡する

液体の中に混入している気体，気泡などを減圧することによって除去することを真空脱気または真空脱泡と呼んでいます．

液晶のシーリング剤などの脱泡は圧力 5 Torr (660 Pa) 以下の真空中で撹拌しながら排気することにより，完全な脱泡が数分間でできます．このような脱泡装置を真空撹拌脱泡ミキサーといいます．

人工大理石は粉末状の材料を何種類か配合して，溶剤を加えて型に流し込んで固まったところで，型から抜き取る方法で製造されます．溶剤を加えて撹拌するときに空気が混ざったまま型に流し込むと，気泡が残って製品の表面にくぼみができ，商品価値がなくなります．このため減圧状態で，溶剤を加えた材料をよく撹拌することにより脱泡します．

3.9 真空で蒸着する

　金属や化合物を高真空中で加熱し，蒸発させて，ガラスなどの表面に薄膜(はくまく)として凝着させることを真空蒸着といいます．超高真空中で蒸着すると，不純物の混入が少なく，酸素や水分の影響がほとんどなくなり，きれいな蒸着膜が得られます．また，真空蒸着は，成膜速度が大きく，大量生産，大面積の薄膜形成に適し，光学薄膜，半導体関連，電子材料など多方面に利用されています．

　薄膜の作製法として，真空蒸着は古くから最も多く使われてきました．真空蒸着より密着性のよい薄膜を作製するために考えられたのがイオンプレーティングです．

　イオンプレーティングは真空蒸着にプラズマ反応を付加したもので，蒸発した蒸気の一部をイオン化し，加速して，基板に付着させて，より強い薄膜をつくる方法です．

　スパッタリングはグロー放電でつくられるイオンを材料に衝突させると，スパッタ作用により材料物質が跳ね飛ばされて蒸気になり，薄膜を作製しようというものです．スパッタリングは材料を加熱しなくても気化させることができるので，タングステン，タンタルなどの融点の高い材料も薄膜にすることができます．

　ここでは真空蒸着による薄膜形成の方法を図3.5を用いて簡単に説明しましょう．薄膜にしたい材料を蒸発源のルツボの中に入れて，蒸着槽を高真空になるまで排気します．真空の圧力が10^{-5} Torr (10^{-3} Pa) 程度になったらヒータに電流を流し，蒸発源（ルツボ，フィラメント，ボートなど）を加熱し，材料を蒸発（昇華）させます．蒸気は基板の温度まで冷やされて付着し，固体となり，薄膜ができます．これが真空蒸着法です．

・真空蒸着で作製された薄膜は，

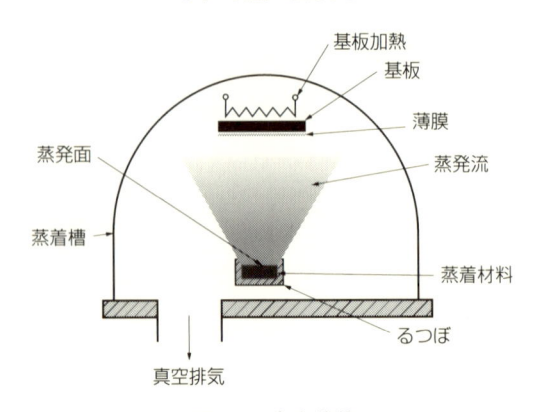

図3.5 の図中ラベル：基板加熱／基板／薄膜／蒸発面／蒸発流／蒸着槽／蒸着材料／るつぼ／真空排気

図3.5 真空蒸着

レンズの反射防止膜，自動車のバックミラーなど
・イオンプレーティングで作製された薄膜は，
　　ドリルやバイトの表面処理（窒化チタン膜）に，メガネフレーム，スプーン，フォークなどの表面コーティング
・スパッタリングで作製された薄膜は，
　　コンパクトディスク（**CD**），レーザディスク（**LD**）
などに利用されています．

3.10 真空で成型する

図3.6のように，多数の空気抜きの小孔をあけた型台の上に熱可塑性のプラスチックシートを固定します．プラスチックシートをヒータで加熱して軟化させて，ポンプで排気すると，軟化したシートが大気圧により圧着されて成型品ができます．雌型は木，石膏，樹脂など安価なものでよく，雄型は大気圧がその役割をするので必要ありません．このような成型法を真空成型と呼んでいます．真空成

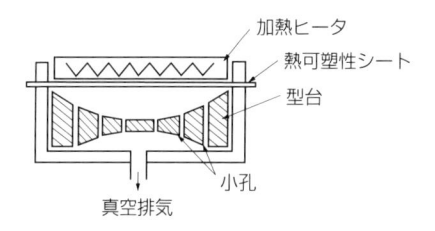

図 3.6 真空成型

型は装置が簡単で設備も安く，しかも量産に向いています．卵のパックトレー，スーパーマーケットで肉，魚，野菜などを入れる使い捨て容器などに広く利用されています．

4章

真空をつくる

　地球上の大気（空気）は高度が増していくと徐々に薄くなり，さらに高度が増すと，やがて真空状態になります．しかし，私たちが日常生活を営んでいる空気が充満している大気中で，人工的に真空環境を実現するのは簡単なことではありません．真空をつくるには空気の入り込まない容器と容器の中の空気を排気する真空ポンプが必要になります．ここでは真空をつくるのに最も重要な機能部品である真空ポンプについて，どのような種類があり，どのような動作原理に基づいて排気されるのか，などの基本的事項を説明しましょう．

4.1　真空ポンプ

　真空ポンプとは気体を除去して真空をつくり，または維持する機能をもつ機器をいいます．多種多様の真空ポンプが市販されていますが，動作原理によって大別すると，容器内の気体をより高い圧力の外部へ輸送して排出し，真空状態を実現する気体輸送式真空ポンプと，気体を捕らえて真空ポンプ内に溜め込むことで真空状態を実現する気体溜込式真空ポンプに分類できます．

　真空ポンプの性能で大切な点は，容器の中の気体をいかに短時間に除去できるか（排気速度），また，いかに低い圧力まで下げるこ

とができるか（到達圧力）です．真空ポンプの排気速度は単位時間当たりに排出される気体の体積（体積速度）で表します．したがって，その単位は m^3/s, L/s, L/min などになります．気体では圧力が低下すると体積が増加（圧力が1/100になれば，体積は100倍）するので，圧力の低下に伴って排出される気体の量は減少します．この点が水などの液体をコップなどで汲み出す場合とはかなり異なります．コップで液体を汲み出すとき，体積は変わりませんから，単位時間に汲み出される液体の量に変化がありません．

真空ポンプは構造や動作原理の違いにより，排気できる作動圧力範囲がかなり異なります．気体輸送式真空ポンプと気体溜込式真空ポンプの中で，主だったポンプの種類とその作動圧力範囲を図4.1に示します．

作動圧力範囲によって真空ポンプの使用機種は異なりますが，1

4.1 真空ポンプ

	圧力領域	極高真空	超高真空	高真空	中真空	低真空	
	圧力（Pa）	10^{-10} 10^{-8}	10^{-6}	10^{-4} 10^{-2}	10^{0}	10^{2}	10^{4} 大気圧
気体輸送式真空ポンプ	油回転ポンプ					───	───
	ドライポンプ					───	───
	ルーツポンプ				───	───	
	油拡散ポンプ		······ ───	───	───	······	
	ターボ分子ポンプ	······ ───	───	───	───	······	
気体溜込式真空ポンプ	ソープションポンプ				───	───	
	クライオポンプ	······ ───	───	───	······		

備考　ドライポンプは，油や液体を使用しない機械式真空ポンプのことです．ドライポンプには，ダイアフラム型，揺動ピストン型，スクロール型，クロー型，スクリュー型，ベローズ型などがあります．一般的に油回転ポンプと比べ，作動圧力範囲が少し狭くなります．点線部分はいろいろな補助的な手法を用いて改善して使用できる圧力範囲です．

図 4.1　真空ポンプの種類と作動圧力範囲

台の真空ポンプで大気圧から超高真空まで排気できるポンプはありません．低・中真空圧力領域の真空の雰囲気をつくるには，図 4.1 で見られるように気体輸送式真空ポンプの油回転ポンプやドライポンプを用いるのが一般的です．高真空の圧力領域以上の真空状態をつくるには 2 台以上の動作原理の異なるポンプを直列に接続して使用します．あるいは高真空ポンプの作動圧力範囲が確保できる圧力まで，大気圧から作動できる別のポンプで排気してから使用します．

次に，これらの真空ポンプの中で，気体輸送式では油回転ポンプ，ドライポンプ（ダイアフラム型），油拡散ポンプ，ターボ分子ポンプを，気体溜込式では代表的なクライオポンプについて，構造，動作原理，特徴などを説明しましょう．

4.2 気体を輸送して排気する真空ポンプ

気体輸送式真空ポンプは容積移送式と運動量輸送式に分類できます．容積移送式はピストン，ロータ，翼板，弁などの機械的な部分によって分離された空間に取り込まれた気体を，この系の周期運動によって気体を輸送する構造になっている真空ポンプです．容積移送式真空ポンプはさらに周期運動の方式により，往復動式と回転式に分類することができます．

運動量輸送式は気体分子に特定方向の運動量を与えて連続的に気体を輸送する真空ポンプです．このポンプはさらに気体分子に運動量を与える方式によって，機械式と流体作動式に分類することができます．

ここでは容積移送式真空ポンプの油回転ポンプ，ダイアフラムポンプを，運動量輸送式真空ポンプの油拡散ポンプ，ターボ分子ポンプの構造，動作原理，特徴などを説明しましょう．

(1) 油回転ポンプ

油回転ポンプはロータリポンプとも呼ばれ，古くから最も親しまれていて，まさに真空ポンプの代名詞になっているといっても過言ではないでしょう．油回転ポンプの形式には，この回転翼型，カム型，揺動ピストン型がありますが，回転翼型は回転軸がロータの中心を通る構造となっているため，運転中の振動が少ないことが特徴になっています．このため，このポンプは低真空排気用として，また高真空排気用ポンプの補助ポンプとして最も広く用いられていますから，ここでは回転翼型の油回転ポンプについて説明しましょう．

回転翼型油回転ポンプの構造は，図4.2のように油によってロー

4.2 気体を輸送して排気する真空ポンプ

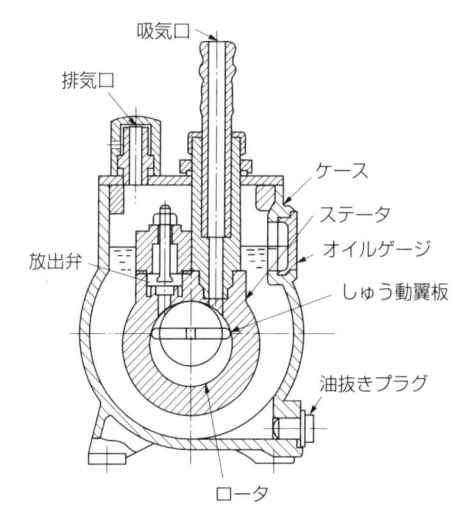

図 4.2 回転翼型油回転ポンプ

タ（回転子），ステータ（固定子），しゅう動翼板などの部品間の気密をはかるようになっています．ロータについている2枚のしゅう動翼板がスプリングと遠心力によって，常にステータに押し付けられながら回転します．このロータ，ステータ，しゅう動翼板で囲まれた空間の容積変化によって気体を輸送して排気する真空ポンプです．

排気過程を図4.3で説明します．(1) 吸気口とつながった部分の容積が増し，わずかに減圧すると，吸気口から気体が吸い込まれます．(2), (3) ロータが回転し，容積が減少すると気体は圧縮されます．(4) 大気圧より少し高くなるまで気体が圧縮されると，放出弁が開いて排気口から排出されます．ロータの1回転で気体の吸入，圧縮，排出が行われます．

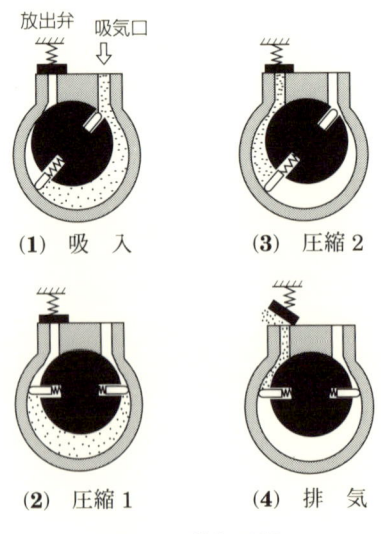

図4.3 排気過程

4.2 気体を輸送して排気する真空ポンプ

　油回転ポンプの排気速度は，ロータの1回転で排気できる幾何学的な容積とロータの単位時間当たりの回転数の積で与えられます．そこで排気速度を大きくするのに，簡単にできるロータの回転速度を上げたくなります．しかし，ロータの回転速度だけを上げるとポンプに負担がかかり故障の原因になりますから，メーカーで指定したポンプとモータの組合せで使用するのがよろしいでしょう．

　油回転ポンプで凝縮性ガス（水蒸気や溶剤蒸気など）を吸引する場合，圧縮行程の直前でガスバラスト（gas ballast）バルブから空気あるいは乾燥窒素を入れますと，凝縮性ガスは液化しないで排気弁から空気あるいは乾燥窒素といっしょに排気されます．

(2) ダイアフラムポンプ

　ダイアフラムポンプは，図4.4のように偏心回転軸に固定されたステムに取り付けられた隔膜（ダイアフラム）の往復動で気体を輸送する容積移送式の真空ポンプです．隔膜の往復動には限界がありますから，排気容量の小さいポンプがほとんどです．

　このポンプは油を使用しないので，油蒸気などによる汚染がないクリーンな雰囲気を要求される用途には最適なポンプです．このためウェハー吸着搬送装置，包装用器械，医療用器械，真空ピンセットなどいろいろな用途に使われています．

(3) 油拡散ポンプ

　油拡散ポンプは，図4.5のように油蒸気を発生させるボイラー，蒸気を噴出するノズル，噴出された蒸気を凝縮させる水冷された低温の壁面（シリンダ）で構成されています．まず作動油をヒータで加熱し，上部のジェットノズルから噴出している油蒸気の噴流（超音速）に，拡散して飛び込んできた気体分子を巻き込みます．この

78   4章　真空をつくる

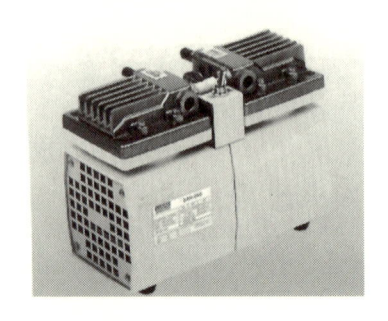

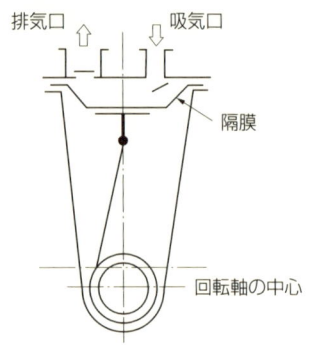

排気口　　吸気口

隔膜

回転軸の中心

図4.4　ダイアフラム真空ポンプ

分子は下向きの運動量を与えられて，次の段のジェットノズルに移送されます．このようにして気体分子は排気口側につぎつぎに移送され，圧縮されて排気されます．ノズルから噴出した油蒸気は水冷された低温のシリンダ内壁に衝突して凝縮し，壁面を伝わってボイラーに戻ります．排気口側には運転中，油回転ポンプなどの補助ポンプを取り付けて吸引します．油拡散ポンプの排気速度は広い圧力範囲にわたって一定です．これはジェットノズルから噴出する噴流の形状が変わらないで，気体分子の飛び込む面積が一定に保たれて

いるためです.

　油拡散ポンプは正常に動作しているとき，背圧(はいあつ)（ポンプの排気口での圧力）側に衝撃波が生じて高い背圧と対抗しています．したがって，ある圧力までは背圧が変化しても高真空側に影響は出ないのですが，背圧がある圧力より高くなると蒸気噴流が乱され，排気作用がなくなってしまいます．このときの背圧を臨界背圧といいます．

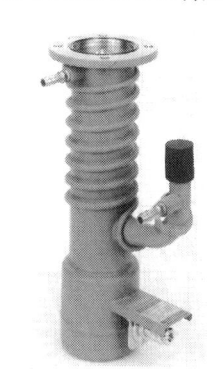

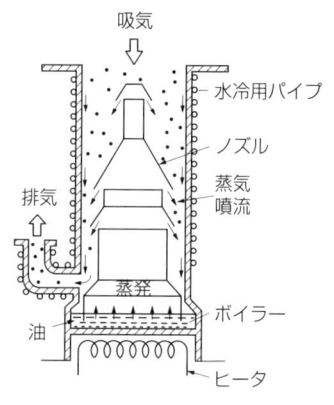

図 4.5 油拡散ポンプ

このため，排気口側の補助ポンプの排気容量には十分な注意が必要です．

(4) ターボ分子ポンプ

ターボ分子ポンプは，図 4.6 のようにタービン状の動翼を軸方向に多段に並べたロータと，それとは逆の角度に取り付けられた静止翼を動翼の間に多段に並べた構造になっています．動翼が高速で回転することによって，動翼に衝突する気体分子を跳ね飛ばし，排気口の方向へ運動量を与えて気体を排気するものです．ターボ分子ポンプは分子流領域（高真空領域）で有効に作動します．

最近では，ターボ分子ポンプとねじ溝ポンプを組み合わせた高性能複合分子ポンプも開発されています．ターボ分子ポンプの排気速度は低圧側で 0.1 Pa 程度から低下しますが，複合分子ポンプでは，中真空領域の 10 Pa の桁まで延びています．このため 10^{-8} Pa から 133 Pa まで 1 台のポンプで対応できます．

このポンプは反応性ガスなども排気できるため，半導体製造装置の主ポンプとして，あるいは一般の高真空排気装置でも油拡散ポンプの替わりとして広く用いられています．

4.3 気体を溜め込むことにより排気作用を行う真空ポンプ

表面での凝縮または吸着などによって，気体分子を捕らえ，溜め込むことにより排気作用を行う真空ポンプにはソープションポンプ，クライオポンプなどがあります．ここではクライオポンプについて，その構造，動作原理，特徴などを説明しましょう．

クライオポンプは，容器内に極低温の面を設置して，この面に容器内の気体分子を凝縮または吸着させて捕らえ，溜め込むことによ

4.3 気体を溜め込むことにより排気作用を行う真空ポンプ

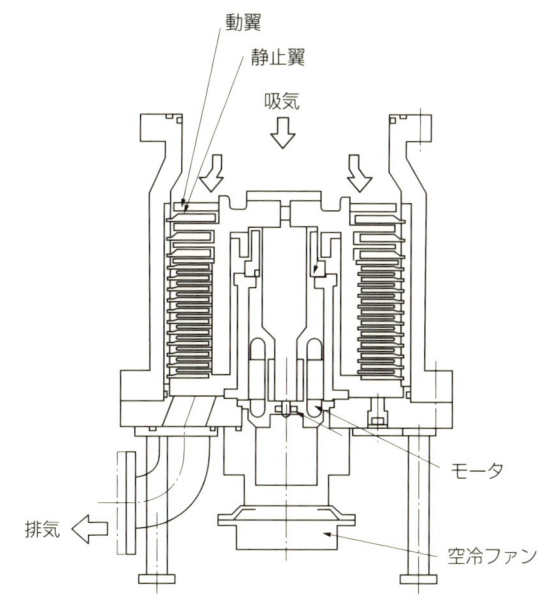

図 4.6 ターボ分子ポンプ

って排気作用を行う真空ポンプです．図4.7のように絶対温度20 K以下の極低温面（クライオパネル）において，水素，ヘリウム，ネオン以外の元素の蒸気圧が10^{-8} Pa以下になることを利用するものです．水蒸気は80 Kシールドと80 Kバッフルに凝縮されます．窒素，酸素，アルゴンなどは15 Kクライオパネルで凝縮されます．水素，ヘリウム，ネオンは20 Kでは凝縮できないので，15 Kクライオパネルの内側に取り付けられた吸着剤で吸着させます．80 Kシールドには熱電対が，15 Kクライオパネルには水素蒸気圧温度計が取り付けられていて，温度が確認できるようになっています．

このような溜め込み式の真空ポンプは，排気した気体分子の量が，ある一定量以上になるとポンプ内の圧力が高くなり，排気速度が低下します．このため排気速度が落ちてきたら，ポンプ内を室温まで戻すか，あるいはヒータで加熱して高温にし，クライオパネルや吸着層を元の状態に戻してやる操作，いわゆる活性化が必要になります．

このポンプは油を用いないためクリーンな真空が得られ，吸着方式のポンプにもかかわらず排気容量が大きいことが特徴です．

4.3 気体を溜め込むことにより排気作用を行う真空ポンプ　　　83

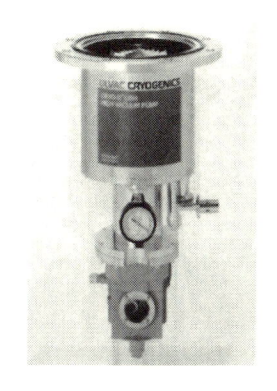

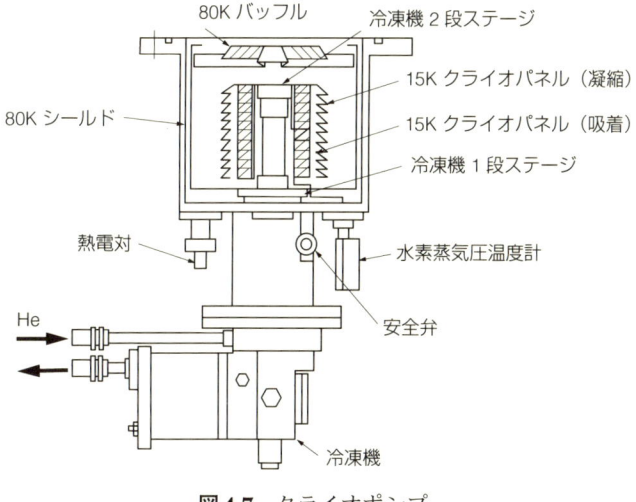

図4.7 クライオポンプ

5章

真空をはかる

　真空をつくること，真空をはかること，とはちょうど車の両輪でどちらが欠けても真空技術の発展は望めません．真空の圧力をはかるには，真空容器内に含まれるすべての原子や分子を対象とする全圧測定と，含まれる気体の種類と組成を対象とする分圧測定があります．実際の圧力の測定では全圧に注目する場合がほとんどです．しかし，精密な計測や原子・分子レベルのプロセスでは当然残留ガスの分圧まで知る必要があります．ここでは真空の圧力（全圧）をはかるにはどのような種類の計器があり，どのような動作原理に基づいて計測するのかを説明しましょう．

5.1　真　空　計

　真空計とは，気体と蒸気の大気圧より低い圧力を測定する計器のことをいいます．一般に用いられる多くの真空計は感圧機能をもった部品である測定子と，測定子からの電気信号を圧力表示させる電気計測器から構成されています．

　真空状態での圧力測定は非常に微小な圧力を測定しなければなりません．また，測定する圧力範囲は，大気圧 1.01×10^5 Pa（760 Torr）から超高真空 10^{-9} Pa（10^{-11} Torr）と極めて広く，測定する圧力によって適切な真空計を選定しなければ正確な圧力測定がで

きません．したがって，真空計の種類による測定できる圧力の範囲を把握しておく必要があります．

主だった真空計の種類と測定できる圧力の範囲を図5.1に示します．

これらの真空計を動作原理で分類すると，真空の圧力を力として計測する方式，気体分子による輸送現象を利用する方式，気体を電離してイオン電流を測定する方式に大別できます．真空の圧力を力として計測する方式には，U字管マノメータ，マクラウド真空計のように液柱差を利用する真空計と，ブルドン管真空計，ダイアフラム真空計のように圧力差による弾性変形を利用する真空計があります．気体分子による輸送現象を利用する方式にはピラニ真空計のように気体分子による熱伝導を利用した真空計と粘性真空計，クヌーセン真空計などがあります．気体を電離してイオン電流を測定する方式には熱陰極電離真空計があります．

圧力領域 真空計の種類	極高真空	超高真空	高真空	中真空	低真空	
	10^{-10}　10^{-8}	10^{-6}	10^{-4}　10^{-2}	1	10^2	10^4 大気圧 [Pa]
U字管マノメータ				油型	水銀型	
マクラウド真空計						
ブルドン管真空計 ダイアフラム真空計						
ピラニ真空計						
熱陰極電離真空計			三極管型 B-A型 改良B-A型			

図5.1 真空計の種類と動作可能圧力範囲

5.2 液柱差を利用する真空計

液柱差を利用する真空計にはU字管マノメータとマクラウド真空計があります．マクラウド真空計は水銀を用いたガラス製の圧縮真空計で校正用の基準真空計として使用されています．この真空計は操作にかなりの熟練が必要で，圧力の算出も複雑です．このため，一般の真空排気装置の真空計としては用いられませんので，ここではU字管マノメータについて説明します．

U字管マノメータは，液体としては水銀または蒸気圧の低い油（例えば油拡散ポンプ用の作動油）が使用されます．図5.2のようにU字管に入れた液体の左右の面を押す圧力 P_1, P_2 に差があり，液面の高さに h の差がついてつり合っているとします．圧力差 $P_2 - P_1$ を ΔP とすると，

$$\Delta P = \rho g h$$

で与えられます．

ただし，ρ は水銀または蒸気圧の低い油の密度，g は重力加速度

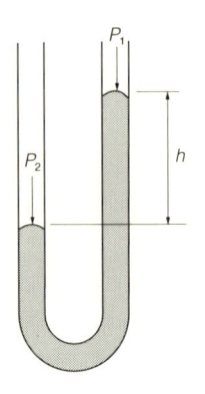

図 5.2 液柱差真空計（U字管マノメータ）

です．

ここで，ρ と g は一定と考えられますから，h から圧力差 ΔP を読み取ることができます．通常 P_1 は大気圧または真空で使用し，$P_1 \approx 0$ を基準にします．水銀（比重 13.6）を使用する場合，h を mm 単位とし，ΔP を [Torr] とすると，$\Delta P = h$ [Torr] となります．大気圧を基準にする場合を開管式マノメータ，真空を基準にする場合を閉管式マノメータと呼んでいます．

水銀マノメータでは 1 mmHg=1 Torr 以下の液柱を読むことは困難であるため，1 Torr より低い圧力は測定ができません．比重 0.9 の油拡散ポンプ用の作動油を用いた油マノメータでは，感度が水銀の場合の約 15 倍になります．すなわち，h が 15 mm で 1 Torr になります．

なお，油マノメータでは，油がガラス管壁を濡らし，また粘性が高いので液柱の高さが安定するまで十分に時間をかけてから測定する必要があります．

5.3 圧力差による弾性変形を利用する真空計

圧力差による弾性変形を利用する真空計にはブルドン管真空計とダイアフラム真空計があります.

ブルドン管真空計は，図5.3のように扁平した楕円形断面の中空管（銅合金）の一端を閉じたブルドン（Bourdon）管を用い，その弾性変形を指針に伝える構造になっています．ブルドン管真空計は大気圧から10 Torr（1.3 kPa）程度まで測定でき，低真空領域の圧力測定に広く用いられています．

ダイアフラム真空計は，図5.4のように平板状の隔膜（ダイアフラム）を使用し，圧力のわずかな変化による隔膜の変形を静電容量の変化として読み取ろうとするものです．隔膜の材料には化学的に安定なステンレス，インコネルなどが用いられます．この真空計は10^{-2} Pa 程度まで測定でき，腐食性ガスの圧力制御などにも使えて，真空計測の広い用途に用いられています．

なお，圧力差による弾性変形を利用する真空計は気体の種類によ

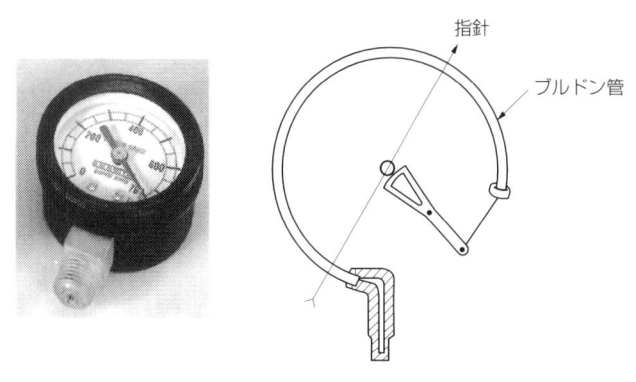

図5.3 ブルドン管真空計

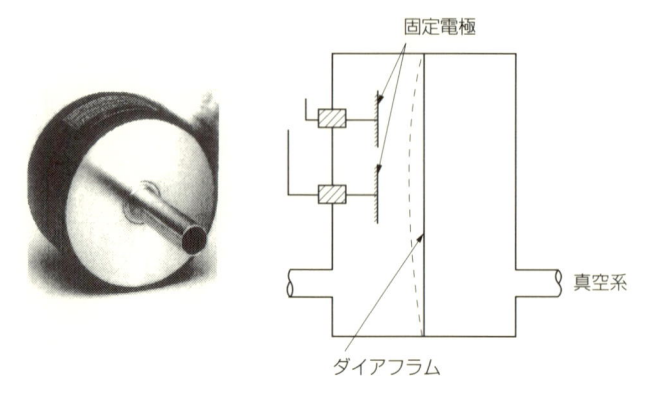

図 5.4 ダイアフラム真空計

る校正の必要がありません．

5.4 気体分子による熱伝導を利用する真空計

 気体分子による熱伝導を利用する真空計にはピラニ真空計，熱電対真空計，サーミスタ真空計があります．ここでは一般に広く用いられているピラニ真空計について説明しましょう．

 気体分子が高温のフィラメントに衝突すると，フィラメントから熱を奪い取ります．気体の圧力変化によって起こるこのフィラメント温度の変化を，線の抵抗変化として検出する方式の真空計がピラニ真空計です．測定子は金属またはガラス管内に図5.5のような白金またはタングステン細線のフィラメントが張られたものです．フィラメントは，通常200°C程度になるように加熱しておきます．フィラメント温度を一定にして，その温度における気体の熱伝導を測定するものです．一定温度にするためには，圧力によって変化す

5.4 気体分子による熱伝導を利用する真空計

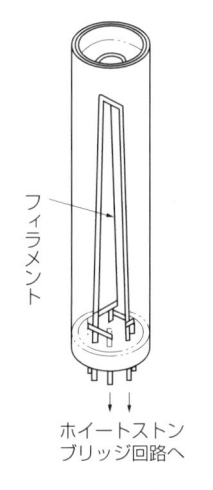

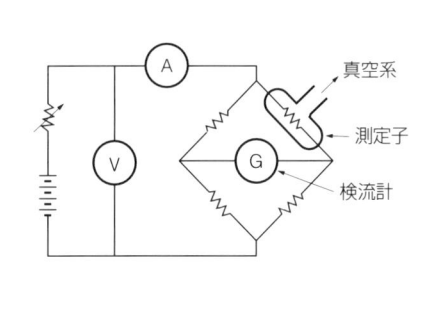

図 5.5 ピラニ真空計の測定子

図 5.6 ホイートストンブリッジ測定回路

る熱損失量に応じて，電圧または電流を調節する必要があります．この熱損失量による抵抗値の変化を図5.6に示すような感度の高いホイートストンブリッジ回路によって測定します．

なお，フィラメントを加熱する電源はブリッジ回路の電源が兼ねています．一般には定温度型が使用されますが，定電圧型あるいは定電流型も使われています．

ピラニ真空計のような熱伝導真空計では，同じ圧力でも気体の種類によって感度が違ってきますから，気体の種類に応じた感度校正曲線を作成しておきます．気体による熱伝導を利用する真空計は圧力の高い領域ではフィラメント温度の変化がありませんから，大気圧近辺では真空計として使えません．この真空計で測定できる圧力範囲は $10\,\mathrm{Torr} \sim 10^{-3}\,\mathrm{Torr}$（$10^3\,\mathrm{Pa} \sim 0.1\,\mathrm{Pa}$）程度です．

5.5 熱電子による電離作用を利用する真空計

熱陰極電離真空計は気体分子を電離して生じたプラスイオンの数から気体の圧力を測定する真空計です．はじめに聞き慣れない"電離"とか"プラスイオン"の用語の意味を簡単に説明しておきます．中性の気体分子をイオンにすることを電離といいます．熱陰極から飛び出した電子を加速して気体分子にぶつけると，気体分子のもつ電子ははじき飛ばされます．もともと中性だった気体分子はマイナスの電荷を持つ電子が不足するため，プラスの電気をもつようになります．これをプラスイオンといいます．

この真空計の測定子（感圧素子をもった部品）には図5.7のような構造をした三極管型とB–A型があります．三極管型電離真空計の測定子は三極真空管と全く同じ構造をしています．B–A型電離真空計はBayardとAlpertによって開発されたので頭文字をとって

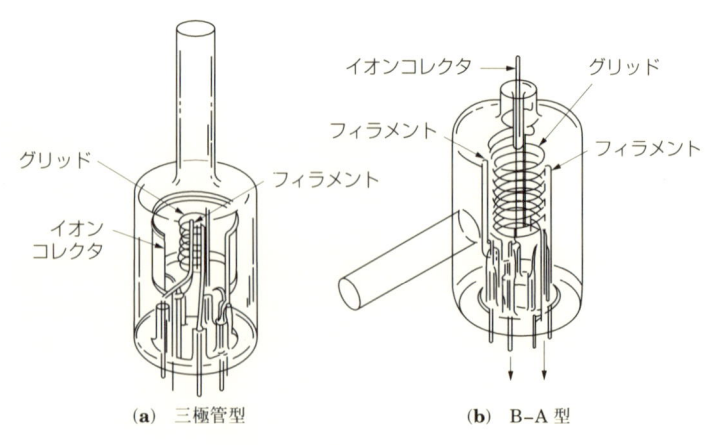

図 5.7 電離真空計の測定子

5.5 熱電子による電離作用を利用する真空計

このように呼ばれています．

　測定子は気体分子を電離させるための熱電子を取り出す電子源にフィラメント，電子を加速して捕らえる陽極（グリッド），生成したイオンを集める集イオン電極（イオンコレクタ）から構成されています．フィラメントから放射された熱電子は，陽極に入る途中で加速されて電離に必要なエネルギーを得ています．この電子は進路の途中にある気体と衝突し，衝突によって生じたプラスイオンはマイナスの電位である集イオン電極に集められ，イオン電流 I_i として測定されます．イオン電流 I_i は広い圧力範囲で気体の分子密度，つまり気体の圧力 P と電子電流 I_e に比例します．S を比例定数とすると

$$I_i = SPI_e$$

と書くことができます．

　この比例定数 S は感度係数といい，気体の種類と測定子の形状により決まります．この式から圧力は

$$P = \frac{1}{S} \cdot \frac{I_i}{I_e}$$

となります．

　圧力は I_e を一定にして，I_i の値から求めることができます．

　ここで三極管型とB–A型の測定子の違いを考えてみましょう．

　フィラメントから放射された熱電子は陽極（グリッド）電圧によって加速されてグリッドに飛び込みますから，波長が数Åから数百Åの軟X線を出します（1 Å=10^{-10} m）．軟X線は三極管型では電極の構造上ほとんどがイオンコレクタに当たり，光電効果によって光電子を放出してしまいます．イオンコレクタから出る光電子による電流とイオンコレクタに入るイオン電流は電流計の針を同じ方向に振らせるために，光電子電流とイオン電流を区別することができ

ません.光電子電流は圧力に無関係で一定であるから,圧力が低下してイオン電流が小さくなっても真空計の指示値(約 10^{-6} Pa)は変わらなくなってしまいます.一方,B–A 型のイオンコレクタは針状ですから,三極管型のイオンコレクタの面積に比べて 0.1% 以下になっています.したがって,光電子電流も 0.1% 以下になりますから約 10^{-9} Pa まで測定できます.

熱陰極電離真空計は高真空領域の広い圧力範囲が測定できるので,一般によく用いられている真空計です.

6章

真空装置をつくる

真空ポンプと真空計を用いて真空装置（真空系）を組み上げ，実際に装置を排気してみましょう．真空系には用途によっていろいろな排気装置がありますが，ここでは基本的な構成（主ポンプが油拡散ポンプあるいはターボ分子ポンプで，補助ポンプが油回転ポンプ）をした真空排気装置について，真空排気の考え方，真空用材料と部品，真空ポンプの選定，有効排気速度，排気時間，真空排気の操作，洩れ探しの方法などを説明しましょう．

6.1 真空排気の考え方

真空装置は簡単な実験をするとき，ガラス製の容器と配管を使うと加工も容易にできて便利です．しかし，1 m^2 の面積の片側が真空で，他方の面に大気圧がかかっているとすると，大気圧のほうから実に約 10 トンの力が加わることですから，大型の真空装置では金属製の容器が使われます．特に高真空排気装置では主にステンレス製やアルミ合金製の真空容器が用いられます．

いま，放出ガスや洩れのない理想的な真空容器を，真空ポンプで内部の気体を排気することを考えます．真空容器の容積は $V \text{ [m}^3\text{]}$ で，最初 $p_0 \text{ [Pa]}$ の空気が入っていたとし，排気速度が $S \text{ [m}^3\text{·s}^{-1}\text{]}$ の真空ポンプで内部の空気の排気を開始したとします．t 秒後に真

空容器の圧力が p [Pa] で，dt 秒後に圧力が $p+dp$ [Pa] となったとしますと，

$$-Vdp = Spdt$$

と書くことができます．この式の左辺は内部の空気の量の減少を示し，右辺は真空ポンプによって真空容器から排気された空気の量を示しています．また，この排気速度 S は厳密にいえば真空容器の入口のところでの排気速度を示します．排気速度は体積速度で表していますから，このときの圧力 p を掛けたものが単位時間に排出される空気の量，すなわち流量になります．この微分方程式を初期条件（$t=0$ のとき，圧力 p_0）のもとで解くと

$$p = p_0 \, exp\left(-\frac{S}{V}t\right)$$

となります．

したがって，圧力は指数関数的に低下して，限りなくゼロに近づきます．この式の V/S を時定数と呼びます．

しかし，実際の真空装置では，真空容器を完全に気密にするのは極めて難しく，接合部や溶接部からのわずかな洩れが必ずあります．その他，図 6.1 で見られるように，表面の吸着ガス，容器の材料の内部からの吸蔵ガス，部品からの放出ガス，シール材からの放出ガス，外部からの透過ガスなどが真空装置の到達圧力に影響を及ぼします．

この洩れや放出ガスによって真空容器内に加わる気体の量が常に Q [Pa·m³·s⁻¹] であるとすると，十分に時間が経過したとき，到達圧力は P_u になり，

$$P_u = \frac{Q}{S}$$

で与えられます（図 6.2 参照）．

実際の真空排気装置では，放出ガスによって真空容器内に加わる気体の量は常に一定ではなく，時間をかけて排気を続けると徐々に減少しますから，圧力も少しずつ低下します．

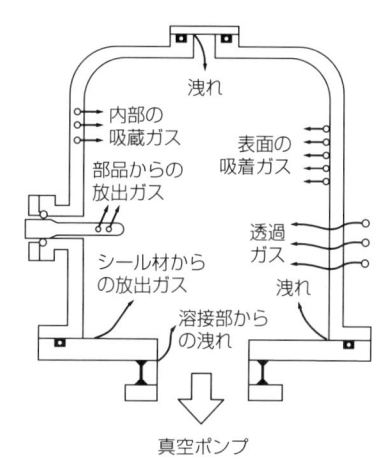

図 6.1 実際の真空容器（洩れと放出ガス）

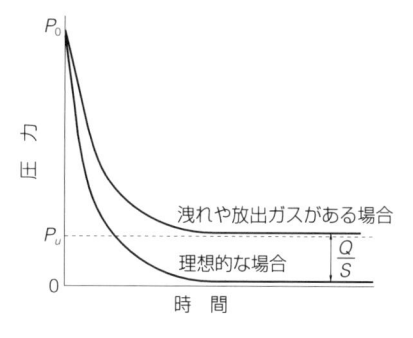

図 6.2 真空排気曲線

6.2 真空装置に用いる材料と部品

6.2.1 真空用材料

真空装置には金属,セラミックス,ガラス,ゴム,各種高分子材料などいろいろな材料が使われます.これらの真空用材料は,当然のことですが,材料の蒸気圧が低く,ガスを吸収したり放出したりしないで,適度な強度と耐熱性をもっていることが必要です.

ガラスはガス放出が少なくて,細工が容易にでき,しかも透明で中が見えるため,演示実験や真空を用いた物理・化学・生物などの簡単な実験をする場合には,真空容器や配管用材料として便利です.工業用の真空排気装置は,ほとんどが金属で構成されますが,ビューイングポート(のぞき窓),液面計などにはガラスが用いられます.

真空用のガラスとしては,ガラス封着用のコバールガラス,配管用の硬質ガラスおよび石英ガラスが主として用いられます.特に石英ガラスは融点,軟化点が高く,紫外線をよく透過するなどの特徴をもっていますが,ヘリウムガスの透過がかなり多く,ヘリウムガスを用いる真空排気装置を設計するときには注意が必要です.

真空用金属材料としては強度,加工性,熱的性質なども重要ですが,ガス放出が少ないことが最も大切です.金属材料の中で軟鋼はもっとも一般的な材料であり,工業用の真空装置に広く用いられています.しかし,鉄はさびができやすく,ガスの吸着が非常に多いので,大型の真空装置を組み立てるときの材料として,ステンレス鋼が広く用いられています.ステンレス鋼は長時間空気中に放置しておいても酸化することがなく,ガス放出も少ないなどの特徴をもっています.最近では,超高真空装置にはガス放出のきわめて少ない,アルミニウム合金が用いられるようになってきました.

銅,真ちゅう,ニッケル,タングステン,モリブデン,金,タン

タルなども真空用材料として用いられます.

真空用材料としてネオプレンゴム，シリコンゴム，フッ素ゴム（商品名：バイトン）などの合成ゴムも用いられています．シリコンゴムは280℃まで，フッ素ゴムは300℃までの温度に耐えることができ，これらの合成ゴムは天然ゴムと比較して耐酸，耐アルカリ性に優れています．

テフロンもガス放出が少なく，機械加工性がよく，熱の絶縁性にも優れ，耐酸，耐アルカリ性もよいので真空用材料として用いられます．

セラミックスはいろいろなところで電気的な絶縁材として用いられています．マシンナブルセラミックス（商品名：マコール）は機械加工ができるガラスセラミックスで，手軽に加工できる絶縁材料として便利です．

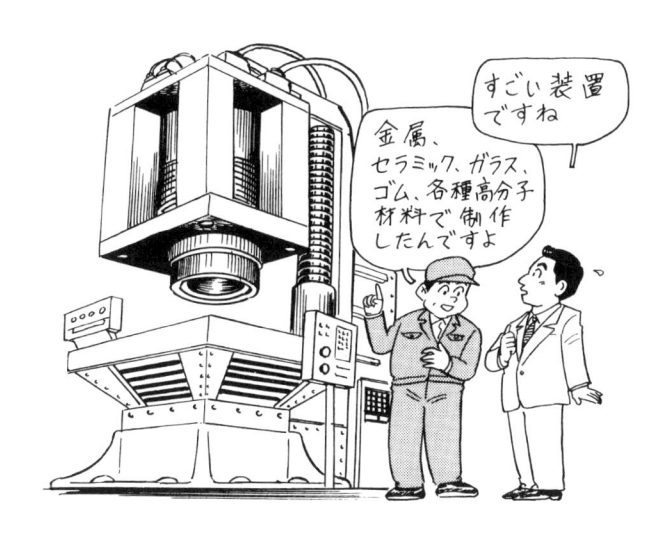

6.2.2 真空用部品

真空装置において気体の流れを止めたり，調節したりするときバルブが必要になります．バルブの形式には配管の曲り部につけ気体の流れを直角に曲げるL形（アングル形）と流れの方向が変わらないS形（ストレート形）があります．バルブの開閉操作には手動式，電磁式などがありますが，小型の装置では手動式が一般的です．

ガラスの真空装置では真空コックが真空装置の構成部品の中で多く用いられます．真空コックにはZ型，S型，L型などがあります．真空コックは大気と真空との圧力差でテーパの部分が押し付けられて気密が保たれる構造になっているので，逆に圧力がかかるような配管をしないようにする注意が必要です．

バッフルは油拡散ポンプの吸気口の上部に取り付けて，ポンプで発生する凝縮性の蒸気の逆流をおさえて，これをポンプに戻してやるためのじゃま板です．

トラップは逆流してくる作動液の蒸気を，液体窒素などの寒剤を用いて冷却して積極的に凝固させて取り除くものです．

その他の真空用部品として，電流導入端子，直線，回転，傾きなどの運動導入器，水の導入器などがあります．

6.3 真空ポンプの選定

真空容器内でどのような操作を行うのか，油蒸気を全く嫌うのか，ある程度の油蒸気は問題にならないのかで，ドライ真空ポンプまたはオイル真空ポンプのどちらにするのかをまず決めます．次にプロセス圧力（操作圧力）が 10^{-1} Pa 以上の低真空でよいのか，あるいは 10^{-1} Pa 以下の真空環境が必要なのかで，いくつかの真空ポンプの種類が選定できます．さらに，真空ポンプの種類によって到達圧

力が異なりますので，適切な真空ポンプの種類を決め，適当な排気速度をもつ真空ポンプを決めます．

なお，腐食性ガスなどを排気する必要があるときには，耐食加工を施した耐食ポンプにします．真空ポンプの選定のためのフローチャートを図6.3に示します．

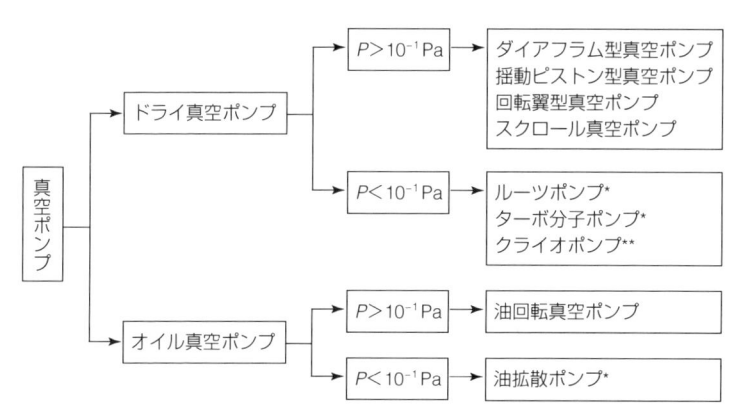

```
真空ポンプ ─┬─ ドライ真空ポンプ ─┬─ P>10⁻¹Pa → ダイアフラム型真空ポンプ / 揺動ピストン型真空ポンプ / 回転翼型真空ポンプ / スクロール真空ポンプ
           │                    └─ P<10⁻¹Pa → ルーツポンプ* / ターボ分子ポンプ* / クライオポンプ**
           └─ オイル真空ポンプ ─┬─ P>10⁻¹Pa → 油回転真空ポンプ
                               └─ P<10⁻¹Pa → 油拡散ポンプ*
```

備考 *印のついたポンプは運転するとき，常時補助ポンプが必要です．
**印のついたポンプは作動圧力まで排気する補助ポンプが必要です．

図6.3 真空ポンプ選定のフローチャート

6.4 有効な排気速度

真空容器と真空ポンプを接続するとき，配管のコンダクタンスが排気速度にかなりの影響を及ぼします．

真空ポンプの排気速度をS_0[L/min]とし，配管のコンダクタンスをC[L/min]とすると，真空容器の入口での有効排気速度S_e[L/min]は

$$\frac{1}{S_e} = \frac{1}{C} + \frac{1}{S_0}$$

となります．

例えば，S_0 と C が同じ値であれば，S_e は S_0 の 1/2 となってしまうので，C を十分大きくする必要があります．

細く長い配管や開口の狭いバルブなどを使用すると，そのコンダクタンスが小さく，十分な排気速度が得られません．排気速度の大きな真空ポンプに換えても，排気速度が全く変わらない場合もあります．したがって，真空ポンプの能力に適したコンダクタンスをもつ配管もしくはバルブを用いることが大切です．

6.5 真空容器の排気時間

低真空領域では放出ガスの影響が無視できるので，容易に排気時間を求めることができます．

真空容器（体積 V）の圧力が P_1 から P_2 になるまで排気するのにかかる時間 t は，真空ポンプの排気速度と配管のコンダクタンスから計算した有効な排気速度を S_e とすると

$$t = 2.3 \frac{V}{S_e} \log \frac{P_1}{P_2}$$

で求められます．

例えば，100 L の真空容器を，真空ポンプで排気したときの有効排気速度が 180 L/min で，大気圧から 1 000 Pa まで排気するのにかかる時間 t は

$$t = 2.3 \frac{100}{180} \log \frac{100\,000}{1\,000} = 2.6 \quad [\text{min}]$$

となります．

6.5 真空容器の排気時間

　この排気時間の計算は真空ポンプの排気速度が圧力によって変化がなく，一定とした場合です．一般に低真空領域で広く用いられている油回転真空ポンプは圧力が低下するのに伴って排気速度もまた低下します．このような場合には，圧力を小区分に分割して，小区分の圧力での排気速度の平均値を真空ポンプの排気速度の値とします．

　または，圧力をいくつかの領域に分割して，それぞれの圧力領域での排気速度を真空ポンプの排気速度曲線から読み取ってから，次々の圧力領域について排気時間を計算します．全排気時間は次々の圧力領域にわたる時間を加え合わせます．

　例えば100 Lの真空容器を，図6.4で示される排気速度曲線をもつ真空ポンプで大気圧から10 Paまで排気するのにかかる時間を求めてみます．

　大気圧から1 000 Paまでは排気速度S_1が180 L/minですから，

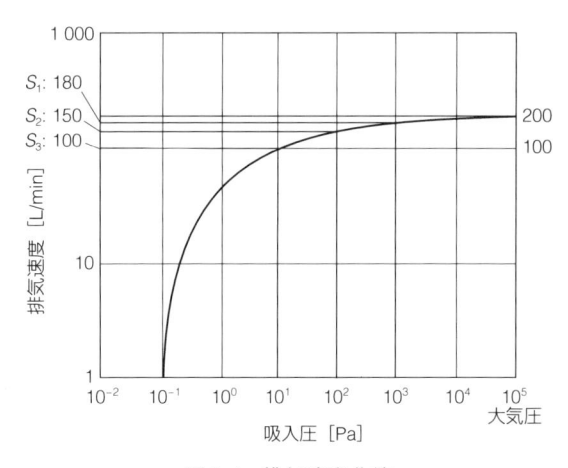

図6.4 排気速度曲線

排気時間 t_1 は2.6分,1 000 Paから100 PaまではS_2が180 L/minですから,t_2は1.5分,100 Paから10 PaまではS_3が100 L/minですから,t_3は2.3分になります.したがって,大気圧から10 Paまで排気するのにかかる全排気時間は$t_1+t_2+t_3=6.4$分となります.

なお,この計算では配管のコンダクタンスは考慮していません.

中真空領域および高真空領域における排気時間は放出ガス量の値が定まらないので計算で求めることは困難です.

6.6 真空排気の操作

真空容器と真空ポンプを配管でつなぎ,真空計を取り付けた真空排気装置(図6.5参照)を組み上げ,ポンプを作動させて実際に排気してみます.真空計を取り付けるところは測定しようとする圧力を正しく示す位置でなければなりません.しかも,真空計の測定子

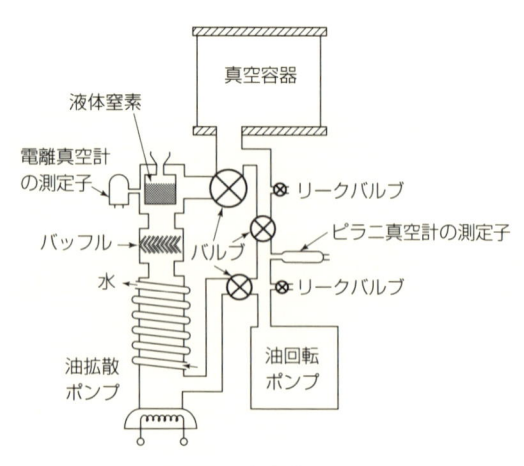

図6.5 真空排気装置

は気体の流れの効果を避けるため，測定子の導管は流れに垂直になるように取り付けます．

装置を組み上げて最初に排気するときには，当然主ポンプの中も大気圧になっていますから，すべてのバルブを開いてまず補助ポンプ（油回転ポンプなど）で排気します．真空系の主ポンプが大気圧から排気できない場合，補助ポンプで主ポンプ（油拡散ポンプ，ターボ分子ポンプなど）が作動可能な圧力になるまで排気します．この操作のことを粗引きといいます．

粗引きが完了したら，主ポンプを作動させて高真空状態になるまで排気を続けます．この操作を本引きといいます．

真空排気後はガス放出量を低くするために，真空系全体を高温でベーキング（baking）を繰り返し，材料や部品の表面あるいは固体内に吸着・吸蔵されている水分や吸蔵ガスを強制的に追い出すための加熱脱ガス処理を行います．

6.7　真空装置の洩れ

真空容器や配管はどのように完璧に製作しても洩れがあるものです．必ずある程度の洩れがあると思って差し支えありません．この洩れは，私たちの目的としている操作に影響を及ぼさなければよいのですが，真空装置はあくまでも洩れがないのにこしたことはなく，真空装置を製作するとき，材料，部品，接合部，溶接部など細心の注意をはらって組み上げる必要があります．

真空装置の洩れの多くはいろいろな接合部で生じますが，材料そのものに原因がある場合もあります．接合部で洩れの発生しやすい部分はフランジとガスケットのシール部，運動を導入する軸とOリングのシール部などです．また，溶接部やベローズの溶接箇所な

ども洩れを起こしやすいところです.

洩れの箇所を探すには,ヘリウムリークディテクタが使われます.このリークディテクタは洩れの検出器にヘリウム専用の質量分析器を内蔵したものです.ヘリウムガスをプローブ(探針)ガスとして用いるのは,ヘリウムが大気中にほとんどなく,装置を汚染することもないからです.しかも,ヘリウムガスは人体に対して無害です.真空装置を排気して,外部からヘリウムガスを吹き付けて,内部にヘリウムが侵入するか否かを検出します.このとき,ヘリウムガスは軽いので必ず装置の上の部分から吹き付けます.

ヘリウムリークディテクタがないときには,真空装置に既に取り付けてあるピラニ真空計や電離真空計などを洩れ探しの検出器として用います.アルコールを洩れていそうなところに筆で塗ったり,注射器で吹きかけて,メータの数値の振れを見て,洩れの箇所を探します.このとき,アルコールは,必ず装置の下の部分から塗ったり,吹き付けたりします.装置の上の部分から塗るとアルコールの液が垂れて洩れの箇所をみつけるのが難しくなります.洩れ探しの手順を図6.6に示します.

ガラス製の真空装置の洩れはテスラーコイルで容易に探すことができます.真空装置を1 Torr (133 Pa)〜10^{-3} Torr (0.1 Pa) に排気しながら,ガラスの部分にテスラーコイルの高圧端子の先端部分を近づけると,洩れがあれば端子の先端から,赤紫色した放電ビームが洩れの箇所から装置内に侵入します.この方法で,洩れの部分を確実に探し出すことができます.

洩れの箇所が見つかったら適当な方法で止めなければなりません.溶接部の洩れは溶接箇所の上に盛り直してもほとんどうまくいきませんから,溶接をし直すのが確実です.フランジとガスケットのシール部の漏れはフランジにキズがついていないか,ゴミがつい

ていないか確認し，新しいガスケットに交換します．

応急措置としてはエポキシ樹脂系の洩れ止め剤や接着剤を洩れの箇所に塗って止めることもできますが，あくまでも一時的な方法です．

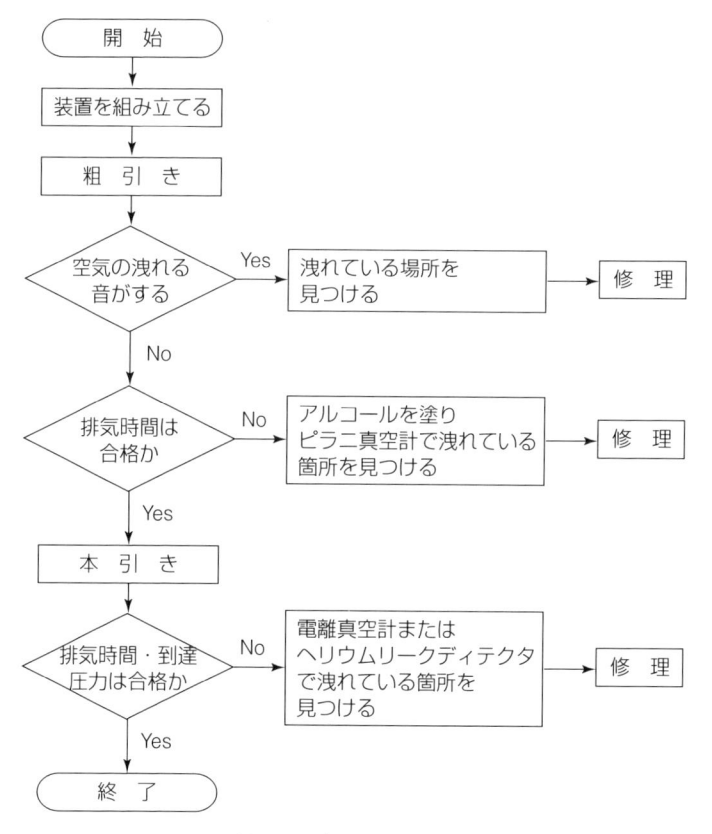

図 6.6 洩れ探しの手順

参考文献

1) 飯島徹穂,飯田俊郎:改訂新版 真空技術活用マニュアル,工業調査会(1998)
2) 飯島徹穂,橋爪寛行:はじめての真空技術,日刊工業新聞社(1998)
3) 飯島徹穂,村田信義:真空でなにができるか,日刊工業新聞社(1999)
4) 飯島徹穂,橋爪寛行:真空技術用語辞典,工業調査会(1996)
5) 中山勝矢:新版 真空技術実務読本,オーム社(1994)
6) 堀越源一:第3版 真空技術,東京大学出版会(1994)
7) 熊谷寛夫,富永五郎編著:真空の物理と応用,裳華房(1983)
8) 林 義孝:真空技術入門,日刊工業新聞社(1987)
9) 日本真空技術株式会社編:真空ハンドブック,オーム社(1997)
10) 林 主税責任編集:真空技術(実験物理学講座4),共立出版(1987)
11) 金持 徹編:真空技術ハンドブック,日刊工業新聞社(1990)
12) ジョンF.オハンロン著,野田 保,斉藤弥八,奥谷 剛訳:真空技術マニュアル,産業図書(1983)
13) 日本真空協会関西支部編:わかりやすい真空技術,日刊工業新聞社(1990)
14) 麻蒔立男:真空のはなし,日刊工業新聞社(1981)
15) 小宮宗治:超高真空がひらく世界,講談社(1985)
16) 中山勝矢:Q&A真空50問,共立出版(1882)
17) 小沼光晴:プラズマと成膜の基礎,日刊工業新聞社(1986)
18) 広瀬立成,細田昌孝:真空とはなにか,講談社(1984)
19) L.G.カーペンター著,石川和雄訳:真空技術入門,共立出版(1989)
20) R.V. Stuart著,毛利 衛,数坂昭夫共訳:入門 真空・薄膜・スパッタリング,技報堂出版(1985)
21) 山科俊郎,広畑優子:真空工学,共立出版(1991)
22) 日本真空工業会編:初歩から学ぶ真空技術,工業調査会(1999)

23) 先端真空利用技術編集委員会編：先端真空利用技術，日経技術図書（1991）
24) 実用真空技術総覧編集委員会編：実用真空技術総覧，産業技術サービスセンター（1990）
25) 石丸　肇：そこが知りたい真空技術，日刊工業新聞社（1992）
26) 松浪信三郎訳：パスカル科学論文集，岩波書店（1988）
27) 上田正文：湿度と蒸発，コロナ社（2000）
28) 小宮宗治：わかりやすい真空技術，オーム社（2002）
29) 日本真空工業会編：真空用語事典，工業調査会（2001）
30) 麻蒔立男：トコトンやさしい真空の本，日刊工業新聞社（2002）
31) 広瀬立成：真空とはなんだろう，講談社（2003）
32) 兵藤申一：身のまわりの物理，裳華房（1994）
33) 中川　洋：真空技術入門，朝倉書店（1964）
34) 有田正光編：大気圏の環境，東京電機大学出版局（2000）
35) 金田輝男：気体エレクトロニクス，コロナ社（2003）
36) レオ E. クロッパー著，渡辺正雄訳：HOSC 物理，講談社（1976）
37) 広重　徹：新物理学シリーズ 5　物理学史 I，培風館（1972）
38) 田中久一郎：摩擦のおはなし，日本規格協会（1998）

索　引

[あ]

圧力　37
油回転ポンプ　74
油拡散ポンプ　77
油マノメータ　88
アボガドロ数　30
アボガドロの法則　29
粗引き　105
アリストテレス　11
イオンプレーティング　67
陰極暗部　50
円形導管のコンダクタンス　41
オイル真空ポンプ　100
音響インピーダンス　48
音波　46

[か]

隔膜　77
可聴音　47
ガリレイ　10
乾燥空気　18
気体の粘性　41
気体分子の平均速度　32
気体分子密度　29
吸着剤　82
凝縮性ガス　77
空気の組成　17
空気の分子量　31

空気分子の直径　35
クライオパネル　82
クライオポンプ　80
ゲージ圧　21
減圧蒸留　63
高真空　25
極高真空　25
コンダクタンス　40

[さ]

差圧　37
酸化　59
三極管型電離真空計　92
時定数　96
湿り空気　18
自由行程　33
主ポンプ　105
常圧蒸留　62
蒸発潜熱　65
真空ガラス　64
真空含浸　63
真空乾燥　60
真空吸引　55
真空吸着　55
真空計　85
真空嫌悪説　9
真空コック　100
真空紫外領域　44
真空蒸着　67

真空蒸留　61
真空鈴　47
真空成型　68
真空脱気　66
真空脱泡　66
真空中の真空実験　14
真空冷却　65
水銀の密度　23
水銀マノメータ　88
スパッタ現象　51
スパッタリング　67
絶縁破壊　49
絶対圧　21
全排気時間　103
測定子　85
速度分布関数　32
粗密波　46

[た]

ターボ分子ポンプ　80
ダイアフラム真空計　89
ダイアフラムポンプ　77
大気圧　15
体積速度　96
中真空　25
超高真空　25
低真空　24
テフロン　99
電離　92
凍結真空乾燥　60
到達圧力　72
ドライ真空ポンプ　100
トラップ　100

トリチェリ　13
　── の実験　12

[な]

軟X線　93
熱陰極電離真空計　92
熱運動　32
熱伝導　48
　── 真空計　91
　── 率　48
粘性流　38

[は]

背圧　79
配管抵抗　40
排気速度　71
　── 曲線　103
パスカル　16
パッシェンの法則　49
バッフル　100
バルブ　100
B–A型電離真空計　92
火花電圧　49
ビューイングポート　98
ピラニ真空計　90
ファラデー暗部　50
負グロー　50
フッ化カルシウム　45
フッ化マグネシウム　45
沸点　42
沸騰点　42
プラスイオン　92
プラズマ状態　51

ブルドン管真空計　89
プロセス圧力　100
分子蒸留　62
分子直径　34
分子流　38
平均自由行程　33
ベーキング　105
壁面に衝突する気体の分子数　36
ヘリウムリークディテクタ　106
補助ポンプ　105
ボルツマン定数　30
本引き　105

[ま]

マグデブルクの半球　16

マクラウド真空計　87
摩擦係数　52
摩擦力　52

[や]

U字管マノメータ　87
陽光柱　50

[ら]

乱流　38
臨界背圧　79

真空のおはなし	定価：本体 1,000 円（税別）

2003 年 7 月 31 日　　第 1 版第 1 刷発行

著　　者	飯島　徹穂	権利者との
発 行 者	坂倉　省吾	協定により
発 行 所	財団法人 日本規格協会	検印省略

　　　　　〒107-8440　東京都港区赤坂 4 丁目 1-24
　　　　　　電話（編集）(03)3583-8007
　　　　　　http://www.jsa.or.jp/
　　　　　　振替　00160-2-195146

印 刷 所	三美印刷株式会社
制　　作	有限会社カイ編集舎

© Tetsuo Iijima, 2003　　　　　　　　　　Printed in Japan
ISBN 4-542-90270-6

　当会発行図書，海外規格のお求めは，下記をご利用ください．
　　普及事業部カスタマーサービス課：(03) 3583-8002
　　書店販売：(03) 3583-8041　　注文 FAX：(03) 3583-0462